京师艺术论丛

总 主 编 肖向荣
执行主编 甄 巍

影像形态流变论

王廷轩 / 著

中国国际广播出版社

图书在版编目（CIP）数据

影像形态流变论 / 王廷轩著. —北京：中国国际广播出版社，2023.1
（京师艺术论丛）
ISBN 978-7-5078-5264-6

Ⅰ.①影… Ⅱ.①王… Ⅲ.①影像－研究 Ⅳ.①TB81

中国版本图书馆CIP数据核字（2022）第222998号

影像形态流变论

著　　者	王廷轩
责任编辑	王立华
校　　对	张　娜
版式设计	陈学兰
封面设计	邱爱艳　赵冰波
出版发行	中国国际广播出版社有限公司［010-89508207（传真）］
社　　址	北京市丰台区榴乡路88号石榴中心2号楼1701 邮编：100079
印　　刷	北京九天鸿程印刷有限责任公司
开　　本	710×1000　1/16
字　　数	170千字
印　　张	12.75
版　　次	2023 年 5 月　北京第一版
印　　次	2023 年 5 月　第一次印刷
定　　价	48.00 元

京师艺术论丛
编委会名单

坚守学术研究初心　铸造艺术学科灵魂

肖向荣

北京师范大学艺术与传媒学院院长、教授

北京师范大学的前身京师大学堂师范馆自创立伊始，便为“各省之表率，万国所瞻仰”，更被誉为“众星之北斗”“群学之基石”，会聚了一大批学贯中西、融汇古今的学术大师和思想名家，不断引领着中华文明的发展走向。2022年是北京师范大学120周年华诞，120年以来，北京师范大学与时代共同进步、一起成长，各项事业取得了长足的发展，已经成为中国教育改革的示范引领者、国家自主创新的重要基地、文化传承与创新的国家重镇，综合办学实力位居全国高校前列。

北京师范大学艺术学科自1992年改建为艺术系，成为中国重点高校复合型艺术创建性学科之始；2002年成立艺术与传媒学院，是中国高校第一个全学科艺术学科汇聚、艺术与传媒结合的新兴学院。2022年，迎来了艺术与传媒学院建院20周年，恢复艺术教育30周年的独具意义的年份。

本套京师艺术论丛通过深入基础艺术与高等艺术教育教学研究，建立了适应国家艺术学科发展需要、弘扬艺术文化精神的新型人文艺术研究体系，是站在百廿师大与艺术学科的悠久历史基石之上，坚守学术研究初心、表达严谨学术态度的艺术学科专业研究著作。

广度与深度：全学科艺术重镇　厚重式学术基地

北京师范大学艺术学科的综合性教学研究体系的形成，伴随着国家发展而克服艰难曲折前行，建立在北京师范大学丰厚的人文艺术的厚实土壤之上。北京师范大学艺术与传媒学院是我国高校首批具有艺术学一级学科博士学位授权点单位，有艺术学理论、戏剧与影视学两个一级学科博士点，戏剧与影视学、艺术学理论、音乐与舞蹈学、美术学四个一级学科硕士点。可以说，在艺术学科的学术理论研究与人才培养方面，具有全国领军的优势地位。

在近百年历史背景下，北京师范大学的艺术学科逐渐形成了具有现代性特征的独特艺术学科，伴随着中国艺术教育事业的发展，成为包容音乐学、美术学、设计学、书法学、戏剧影视学、舞蹈学等多门类综合艺术学科群的全学科艺术重镇。这也促使本套丛书兼具了全面学科广度与厚重学术深度为一体的特色。

时代与前沿：立足时代需求　探索前沿视野

文艺是时代前进的号角，要与时代同频共振。这一点同样体现在艺术学术研究上。可以看到，本套丛书的时代特征十分明显，比如许多关于新时代中国艺术发展的流变特征、热点现象，以及创作观及价值取向等多元化的时代议题，通过立足于新时代文艺事业，扎根人民生活，跟随时代多方拓展，让学术研究真正服务于时代需求和国家发展建设。

本套论丛注重学术研究的前沿探索性，以多学科交叉融合展开创新研究。艺术的灵魂与本质要求就是创新，多学科交叉融合是艺术院校学科发展的必然趋势。通过借助科学技术的快速发展进行艺术学科研究，可以获得更新的学科视野和扩张力。本套丛书遵循这一学科发展方向，通过利用学科之间的有效融合、适应时代科技发展、优化学科结构、打通学科壁垒，不断探究新文科建设背景下艺术学科的交叉创新潜能，并进一步提升艺术学科的发展活力。

传承与创新：春风桃李根深枝茂　木铎金声源远流长

本套丛书集结了北京师范大学百年艺术学科研究的中坚力量，集中展示了最前沿的艺术学科学术研究成果，虽为“科研专著”，却也可以很好地保留艺术色彩，为各位“艺术家”生动形象地描绘出了一个精彩纷呈的艺术世界，相信各位定有所获。

2022年8月

新外大街19号的艺术研究与写作
——“京师艺术论丛”主编序语

甄　巍
北京师范大学艺术与传媒学院副院长、教授

2022年，京师艺术论丛首期专著付梓。欣喜之余，想提笔写下几句话，为在这个特殊时代、特殊情境下默默耕耘的京师艺术学者，表达心存的感激。

北京师范大学的艺术教育与人文学科底蕴深厚，经由120年前的京师大学堂师范馆赓续至今。艺术与传媒学院于2002年成立，是中国高校第一个全艺术学科汇聚、艺术与传媒结合的新兴学院，下设影视传媒系、音乐系、舞蹈系、美术与设计系、书法系、数字媒体艺术系、艺术学系。在百廿师大的校园里育人，在“影·视·剧·音·舞·书·画·新媒体”相互交融的氛围中开展学术研究，学者们感悟与思考的角度自有其独特之处，这些也在此次入编丛书的著作里有所体现。

首先，我所感受到的，是一种自由探索的气息。人类文明发展至今，进入了以数字为特征的信息技术时代。AI人工智能介入知识的生产与传播链条当中，容易让人对规模、速度、效率、效果以及“智能”产生一种过度的信赖与追求，不知不觉中忘记了人文艺术学科的深厚意蕴，往往来自个人内心原始和原创的天赋性情。我很赞成集体合作式的研究，也认同命题写作的意义与价值。但翻阅人类古代典籍和文献，会发现很多重要思想与观念，出自个人与他人、与宇宙、与自我的对话中。专著的意义，就在于这种具身性的书写体验是无法用“智能”检索出的人性的洞察。有时是偶然，有时是疑惑，有时是欣喜若狂，有时又会充满悖论与反思。人类的理性和逻辑性，体现在艺术学的研究与写作中，最有趣的恰恰是个体思考与经验的唯一性与偶然性。我在论丛专著的作者身上，就看到了这种不事“算计”的质朴与自由，弥足珍贵。

其次，是一种跨越学科界限，以问题为导向的求真之风。学问就像生活本身，并非按照学科与专业条分缕析，有那么多界限和藩篱。论丛专著写作的问题意识，凸显的是把著作“写在祖国大地上”的笃实与扎实。为了解决实际的学术问题，可以采取跨文化的视角，可以运用多学科的方法，也可以在本学科的工具范畴内做深入钻探，但最重要的是“实事求是”的求真态度。论丛中影像与心理学、舞蹈与社会学、艺术与管理、影视与法律等选题体现了艺术学研究的文化思维特征。知识的重新链接与整合，以及新知识、新命题的创建与探索，既需要勇于迈入学术“无人区”的勇气，也需要对学问审慎、认真的郑重与尊重，以及对于情感与个体局限性适度的体认与把控。借助北京师范大学独特的学风、校风，充分展现多学科交融、艺术与传媒两翼齐飞的学术姿态，京师文脉的研究写作之风可期可待。

最后，我还读到一种朴素的美育情怀和向善力量，渗透在京师艺术学者的血脉之中。论丛作者既有潜心笔端耕耘的理论专家，也有长于创作实践的学者型艺术家。他们的共同点，是笔端墨迹中流露出的兼善天下、以美育人的情怀。即便是充满理论性的学术探讨，也具有价值导向和知识传递的潜在意涵。仿佛在这样的写作中，总有那未来时态的、跨越时代更迭的读者对象——写作是为了让所有的一切变得更好。只有充满理想的土壤，才能生长出有温度的知识。北京师范大学，新外大街19号，这片颇显局促又充满生机的校园，大概就是这样一个还能安置住学术理想的地方。

谨以春天动笔、冬天出版的序言，祝贺并致敬我的同事们、学者们、老师们！

2022年8月

前　言

影视艺术的另一种解读方式

人类文明世界历经千年，从农耕文明到工业文明，再到信息社会和未来世界，今日的生活早已不同昨日。人类的生存法则在变，人类的社交方式在变，人类的知识体系在变；专业之间、学科之间的边界不断被打破，融合与共生成为当今时代的鲜明特征；多学科发展、跨学科研究及新学科建设势在必行。

当自然科学与人文科学走向合流，研究方法将深度交汇。随着科技强力嵌入人文社科领域，以人文精神引导科技创新，用自然科学方法解决人文社科领域的重大问题将成为常态。

同时，身处互联网信息时代，数据正成为社会生产的关键要素，对其他生产要素的倍增效应越来越显著，数据科学正成为统合定性研究与定量研究的新王道，数据海洋已成为科研的新天地。

作为见证社会进步、记录时代进程、推动文明发展、探寻传播规律的戏剧与影视学科，在当前人类社会发展的重大时期，肩负着比以往任何时期都更为重要的责任。从影视生产的角度上看，摄像机的发明使得信息能够以影像的形式出现，ENG（Electronic News Gathering，电子新闻采集）技术的普及使得摄录方式发生根本性转变，电子技术的发展使得影视记录从模拟走向数字，通信技术的进步让影视传播进入融媒介时代。

随着5G技术的到来，人类进入万物互联的影像传播时代，文字新闻与广播新闻固然不可取代，但当下人们在日常生活中频繁接触到的更多是影像信息。VR（Virtual Reality，虚拟现实）技术的出现也让影像出现了诸如VR电影、VR纪录片等新的影像艺术形态。就这个层面而言，影像技术的发展甚至决定着影视行业的未来，未来的影像形态也影响着影视艺术的形态。

本书将以跨学科研究的视角，利用互联网大数据分析的优势，聚焦影像技术的前沿动态，研究影像形态的发展趋势及其对影视生产、社会活动、艺术审美的重要影响。

目 录

CONTENTS

第一章　影像形态环境论

一、影像媒介的发展现状

电影自1895年正式诞生，历经数次技术革命，发展至今已有百余年历史，无论是画面、声音、色彩等方面都有了质的飞跃。2018年，全球电影科技发展取得了长足进步，电影科技创新能力和技术应用水平持续增强，不仅电影摄制水平、科技含量和视听品质显著提升，而且信息化建设和智能化升级持续推进，使电影产业加快由传统产业向高新技术产业转型升级，[①]电影正由视听体验向沉浸式综合体验发展升级。具体而言，影像形态的发展主要呈现以下几个方面的特征：

首先是高帧率技术应用持续探索和积极推进。2013年，好莱坞电影《霍比特人》以48帧的技术标准上映，高帧率制式的电影商业化运作开始建立。2016年，华人导演李安执导的电影《比利·林恩的中场战事》是世界上第一部使用4K、3D、120帧格式拍摄、制作和放映的商业电影，当时全球只有五家影厅能形成一套标准的技术流程来播放这部影片的高技术格式版本。纵然有学者提出高帧率画面会导致某种“电影感”缺失，但更高帧率带来的前所未有的真实感仍掀起了大量影像艺术家的创作热情，并渴望

① 中国电影科学技术研究所高新技术研究部．全球电影行业技术发展报告［J］．现代电影技术，2018（10）：4-13.

投身于实践中，探索未来电影更多的可能性。在电视领域，2018年10月1日，中央广播电视总台4K超高清频道正式开播，进一步提高节目分辨率的同时将帧速率提升至50帧。目前，影视行业公认的是，为了追求超真实观影效果、满足人眼视觉特性，最大的阻碍来自技术条件的不成熟和经济成本的压力，因此影视行业更倾向于有限制地提高帧率。然而，随着LED（发光二极管）技术的成熟和广泛普及，这一限制性发展现状也将会有所改变。

其次是对影像画面品质的持续追求。就国内环境而言，高清画质已基本全面普及，4K超高清影像从拍摄器材、制作设备到播出终端的推广也正如火如荼地进行着，但科技的发展是永不停滞的，且永远居于大众接受之前。在4K技术尚未成熟的2013年，日本放送协会（Nippon Hoso Kyokai，NHK）便自主研发了世界上首款采用清晰度为8K的摄影原型机，并于同年戛纳国际电影节上展映了用这款摄影机拍摄制作的全球首部8K电影短片《珍馐美味》（*Beauties À La Carte*），8K技术就此问世。2017年上映的《银河护卫队2》也成为第一部使用8K摄影机拍摄的商业电影。同时，广色域、高动态范围等技术在影像创作中的应用及其相关行业标准的陆续推出，旨在最大限度地扩展色彩空间和动态范围，保留色彩的丰富性，使人的视觉“真实”感受得以最优化。

再次是对影像声音的持续突破。2012年4月24日，杜比实验室发布了“杜比全景声”（Dolby Atmos）这一全新的影院音频平台。同年6月，由华特迪士尼电影公司（The Walt Disney Company）与皮克斯动画工作室（Pixar Animation Studios）联合出品了全球首部采用杜比全景声制作的电影《勇敢传说》，该片的公映被认为是影像声音技术正式迈入立体化阶段的标志，朝着“将声音真实还原”的目标不断迈进。

最后是由传统视听体验向沉浸式综合体验的发展。在屏幕方面，全球影院巨幕数量持续增长。截至2017年末，全球影院巨幕总数达到3162块，以超过20%的年均增长速度居各屏幕类型增速之首。此外，4D动感电影经过多年发展已被全球大部分地区所接受。截至2017年6月30日，全球共有580套4D动感影院系统，多家4D设备商正积极在虚拟现实领域寻求合作，旨在进一步增强观影体验的沉浸感。此外，沉浸式声音在影像市场同样飞速发展，2017年在中国内地上映的采用沉浸式声音格式的影片将近70部。当下，各类VR设备纷纷涌现，各大视频网站相继推出了VR频道，以加入这场新的影像革命当中。

不过，业界专家与学者对这种沉浸式影像的发展持有不同的观点，一部分人对于VR技术的到来很兴奋，一部分人又显得十分谨慎，认为只有一部分内容适合在VR中表现出来。传统视听体验向沉浸式综合体验的发展，即影像虚拟现实化能否代表影像形态的未来，也将作为本书研究的缘起问题与最终指向。

二、VR影像的发展困境

早在1960年，当天马行空的好莱坞电影摄影师摩登·海里戈（Morton Heilig）提交VR设备的专利申请文件时，虚拟现实的概念便首次被提出了。然而，受限于所处时代的技术，虚拟现实的发展非常缓慢。在经历了半个世纪的沉淀积累后，VR才再次按下了“加速键”。2014年，Facebook（脸书）以20亿美元收购Oculus，VR商业化进程在全球范围内加速；2015年，包括微软、苹果在内的各大计算机厂商纷纷加入VR产业布局的大军，相关创业公司更是不计其数。在中国，工业和信息化部发布的《2016年虚拟现实产业发展白皮书》指出，“中国虚拟现实技术产业潜力巨大，但是在应用过程中仍存在诸多挑战，虚拟现实产业处于爆发前夕，即将进入持续加速发展的窗口期”，“VR的产值在2020年之前将能达到1000亿美元”，“VR的未来是颠覆一切”……在无数的看好声中，2016年，VR风头正劲，这一年也被称作“VR元年”。

一时间，众多行业开始向虚拟现实化方向发展，地产、旅游、军事、交通、医疗、游戏等行业均有所涉及。影视行业也积极投身其中，各大电影节亦十分青睐VR技术，单独开辟VR影像单元。但站在如今的节点回头看，VR行业的发展并没有迎来指数级爆发，反而随着热钱和投机者的逐渐退场陷入瓶颈。尤其对于没有成熟艺术作品产出的VR影像行业，这样的发展困境使其饱受争议。

一方面，对于资本方而言，VR影像相较于其他影像产品耗资巨大。无论是前期拍摄还是后期制作，从硬件、软件的需求到人力、资源的分配，都是传统影像产品的数倍，且难以找到足够平衡巨额开支的收入窗口。真正具备市场化特质的VR影视产业应该是在消费端形成具有现金收入模式的成熟产业。尽管资本投入的数额不断增加，但智能移动终端、VR体验馆、VR影院等产业均未形成稳定的收入模式。具体而言，智能移动终端的各类APP（Application，应用程序）绝大部分的注册用户数都不足100万，除去硬件预装的引流用户，真正主动安装的用户占比不足50%。投资总额近10亿元的VR体验店，人均消费只在10—30元，甚至不及传统电影院人均消费，短时间内难以形成盈利。正是由于播出终端的疲软，VR影视内容生产商更多的是以投奖、战略布局或为VR其他商业产业打响知名度而进行规划发展，在实际流量中难以得到相应的回报。

另一方面，对于创作者而言，传统视听影像的艺术表现手段在沉浸式的VR影像当中几乎全部失效。曾经的景深、构图和蒙太奇在VR世界中统统被打破。长镜头加大全景让导演无的放矢，通过凌厉的快速剪辑实现的动作戏更无从谈起。2019年北京国际电影节虚拟现实单元的VR影像《家在兰若寺》的导演蔡明亮曾在采访中提到，在目前的技术条件下，VR摄影机与演员最近的距离只能是1.2米，这让他失去了最有力的镜头语言——特写，“和特写一同消失的，还有景深的概念。构图消失了，受众不再是被动承受，而是主动感知。受众自己成了剪辑师"。著名导演史蒂芬·斯皮尔伯格（Steven Spielberg）也曾表达了对影像虚拟现实化的怀疑，他认为VR甚至有可能是"危险的"，因为它让受众"忘记故事本身"。这一观点在他的最新作品《头号玩家》中得到了体现，影片描绘了虚拟现实化的未来并将故事建构在其带来的"危险的世界"之中。皮克斯公司的联合创始人艾德·卡姆尔（Ed Catmull）也曾表示："VR的重点不是在讲故事，这40年来一直有人试图采用VR方式讲故事，但他们无一成功。"

除了来自商业市场和艺术创作者的困境外，诸如技术上的缺陷、观影感的生理性不适等问题也在不同程度上困扰着电影影像虚拟现实化的发展。万众期待之下出现的VR影像，到底是昙花一现，还是百年影像发展的再一次流变？其未来发展方向和存在方式仍存在极大争议。

正因如此，身处一个新的影像形态在孕育之中而又尚未破茧而出的影像变革时代，研究影像形态的流变规律和发展方向也尤为重要。

三、审美活动的主体性转向

审美活动的主体性研究可以追溯到20世纪二三十年代，基于工业发展的需求，传媒公司希望获取有关受众的可控数据，以说服广告商投入更多资金，助推业务发展。此后，无论是学术还是实务领域的关注点均逐渐从媒介至上的"魔弹论"转向当时被称作"大众"的受众，关于受众的研究也逐渐发展成为社会学、心理学与传播学共建的跨学科领域。

20世纪90年代，受市场经济的影响，受众在审美活动中的主体性地位不断增强，受众研究的模式也逐渐由"传者本位"发展到了"受众本位"，并形成了以"满足受众获取多方面信息的需要为己任"[①]的"受众本位论"。

① 陈崇山.受众本位论［M］.北京：社会科学文献出版社，2008.

进入21世纪后，审美活动的主客体关系似乎走向了“主体至上”的极端。对于影像产品而言，影像市场为了讨好受众不惜降低品位出品了大量粗制滥造的“爆米花”电影，在降低了审美艺术性的同时，也将客体的“话语”降到了最低。

互联网时代的到来让审美主客体进入了群体传播语境，受众不再是被动或主动接受的审美主体，而是成为可以进行多向传播的主客体共存的组合体。互联网传播的自发性、平等性、交互性让受众既可以是审美活动的接受者，也可以是审美活动的发起者、创造者或二次创造者。

因此，在审美活动主体性语境发生转向的当下，无论是对强调商品属性的影像产品而言还是对基于互联网传播的影像媒介而言，受众的重要性都进入了一个新的阶段。对于影像艺术而言，在把握影像形态流变规律的基础上，平衡新生影像审美主客体关系也显得尤为重要。

四、思考影像发展趋势的新视野

在思考影像形态流变规律前，有一点需要明确：100多年以来，电影影像历经了动态化、有声化、彩色化、宽幕化、立体化等数次变革发展，直到今天，影像的科技革命和艺术创新仍没有完结。

从历史唯物主义的观点出发，历史过程与自然过程有相似之处，都存在着独立于人的意识之外的客观规律。因此，当纷纭杂陈的历史现象呈现在我们面前时，只有认识了历史发展的客观规律，才能把握关乎影像形态流变的本质和深层原因。

若以过往影像历史为鉴，在此基础上总结影像形态流变的规律，则能以此对未来影像的发展方向做出预测。从现实层面而言，影像形态内部环境中，VR影像能否作为影像艺术未来形态的质疑声仍不绝于耳，面向未来的影像形态的流变规律讨论意义重大。在影视形态外部环境中，电影已不再是珍稀品，在审美活动主体性语境发生转向的当下，纷繁的影像形态作为媒介的最终选择权掌握在受众手中，如何被有效接受或将成为流变能否形成的重要因素。

长期以来，针对影像的学术研究主要集中在以下四个领域：基于工学的影像原理学研究；基于语言学、艺术学与美学的影像语言学研究；基于符号学与传播学的电影接受学研究；基于哲学、社会学的电影文化学研究。这四个研究领域涉及了影像的本体及外延，研究层面从微观的文本个案到宏观的媒介环境，构建了一个多维度、多层面的研究体系。

以上四个领域分别从不同维度对各类影像活动进行研究，因分属不同学科而相对独立，且以上四个领域的研究中大多采用定性分析的研究方法，而对于客观规律的总结和归纳，最理想的研究方法应是在定性分析的基础上加入定量分析的研究方法。

对于影像形态流变规律的研究，既要考虑由技术与艺术共同创造的媒介客体，也要兼顾社会文化作用下的作为受众的主体，力求能够在作为影像的媒介客体与作为受众的受众主体之间建立一条参照标准，在此基础之上做出判断。

关于受众主体、媒介客体间关系，瑞士心理学家爱德华·布洛曾在1912年发表的学术文章中提出“审美活动中的心理距离”（psychical distance in aesthetic activity，简称“审美心理距离”）的概念，它是指在审美过程中作为参与欣赏的审美主体与被欣赏的审美客体之间的心理感受。“审美心理距离”这一学说隶属于审美心理学，作为科学的审美心理学不只宽泛地解释审美心理的种种表现，还细致阐释了审美心理规律，以此指导有效的审美活动，这与以定性分析和定量分析作为研究方法进而探析影像形态流变规律的论述逻辑十分契合。

作为在客体所提供的条件与主体所认知的条件共同作用下产生的“审美心理距离”，正如一条心理纽带勾连着作为影像的媒介客体与作为受众的受众主体。若能将这种心理感受外化为可视的“审美之尺”，则研究影像形态之流变、总结影像形态流变的内在规律就有了史论研究之外的度量依据。

此外，这一“标尺”或许可以成为判断VR影像能否代表升级换代的影像未来形态之评价标准。通过“审美心理距离”的“标尺”，重新审视影像形态的发展历史，“度量”影像形态流变的规律，既能跳脱出当前VR影像发展的瓶颈及现实局限，又可通过这把“标尺”的历史发展规律对未来影像形态的流变趋势做出明晰的预测和判断。

第二章　影像形态本体论

一、影像的界定

广义上“影像”的含义常与“图像”（image）混淆，相较于“电影”，其包含的范畴也尚待明晰，且本书对于“影像”的界定关乎本书研究主体内涵及外延的确立，故在此需专门论述。

（一）影像与图像：概念之混淆

在大量的学术研究中，“影像”一般与图像一词同义，均用来表示人对视觉感知的物质再现。

“图像”一词来源于拉丁语“imago”，或由光学设备获取，如照相机、镜子、望远镜及显微镜等；或由人为创作，如手工绘画。图像可以记录、保存在纸质介质、胶片等对光信号敏感的介质上，其中也包括伴随数字采集技术和信号处理技术出现的数字存储介质。[①]

广义上的“图像”包含静态图像（still image）与动态图像（moving image）两大类。静态图像指的是单个静止图像，这个概念常用于摄影、视觉媒体和计算机行业，并用于区别于电影的讨论范畴。动态图像通常指的

---

① CHAKRAVORTY P. What is a signal? [J] . IEEE signal processing magazine，2018，35（5）：175-178.

是电影（movie、film）或是视频（video），包括数字视频（digital video）与动画（animation）。随着活动摄影术的出现及动态图像产业的发展，“动态图像”一词在大部分情况下已被具体的电影、电视、动画等专有名词所代替，或已经直接等同于“电影”的概念。

狭义上的“图像”一般指的是静态图像。

从汉字注解来看，“影”指的是物体挡住光线时所形成的四周有光中间无光的形象，“图”表示用绘画表现出来的形象。“影像”与“图像”相比，更多强调因光线投射带来的“影”的仿真属性，与“摄影”“电影”的起源一脉相承，舍弃了“图”所包含的绘画属性，且并无“图像”中静态图像的狭义定义。

因此，对于更多涉及动态图像并与“摄影”“电影”相关联的研究主体而言，用“影像”代替“图像”来界定是更为合适的。同时，也应将与“影”关联的两种“影像”大类界定为“静态影像”与“动态影像”。

（二）影像与电影：范畴之差异

关于电影的含义，1958年《电影手册》编辑部用电影史学上最重要的批评家、理论家之一安德烈·巴赞的四卷本文集汇编成的《电影是什么？》做出了回答。“电影”一词是电影摄影术的缩写，通常用来指电影制作和电影业，以及由此产生的艺术形式。对于这种被称作“电影作品”的艺术形式，《伯尔尼公约》（1971年修订版）给出了明确的定义，即“摄制在一定介质上，由一系列有伴音或者无伴音的画面组成，并且借助适当装置放映或者以其他方式传播的作品”。我国学者刘宏球认为，“电影是一种视觉艺术，用于模拟通过录制或编程的运动图像以及其他感官刺激来交流思想，故事，感知，感觉，美丽或氛围的体验”[①]。

---

① 刘宏球 . 电影学［M］. 杭州：浙江大学出版社，2006.

对于大众而言，走进固定的放映场所，花一两个小时固定的时间，在银幕上进行一场声、光、电的审美体验的客体就是电影。但随着科技的进步，这种概念的边界逐渐变得模糊：在技术形态上，电影行业的胶片技术与电视行业的电磁转化技术逐渐被数字时代下的数字技术所统一；在媒介形态上，互联网的出现与普及让媒介融合发展，电影媒介、电视媒介、互联网视频媒介相互渗透，媒介之争逐渐转变为创作主体之争；在内容形态上，伴随着技术形态、媒介形态边界的模糊，创作内容更多取决于受众的定位与资本的取舍。

因此，对于本书讨论的主体内容的界定，虽以电影形态的发展为起点，但因电影与其他影像媒介在观影地点、影片长度、观影介质等方面的区别已不复存在，如若再用“电影”去界定未来可能融合发展的影像媒介并不恰当。

此外，本书所讨论的主体边界，包含电影诞生前“非电影”的“静态影像”向“动态影像”转变的“前电影”阶段与未来以VR影像为代表的“后电影”阶段。为保证学术的严谨性，用“影像”来代替“电影”对研究主体进行界定，能够更好地包含“电影”及“电影”所不能包含的“非电影”和“是否还是电影”的部分。

（三）影像与声音：构成之主次

用视觉元素中的“影像”一词界定影像形态并不意味着对研究主体中听觉元素的舍弃。

这或许还要从上文比“影像”一词涵盖范围更窄的“电影”说起。电影发展至今，已成为一门包含声、光、电的视听综合艺术，回溯其最初本源，亦是从“静态影像”发展而来的“动态影像”，仅由视觉元素构成。听觉元素则是在电影发展过程中在形态的流变中融入进来的。不可否认，听觉元素在电影艺术中具有重要作用，但电影作为视听综合艺术，其构成依旧会有主次之分。纵然在电影诞生百余年后的今天，在遍布全球的艺术院线中，经典默片作品仍在不断重映，虽然不具备听觉元素，但谁也无法否认它是“电影”；反之，若是一部作品仅由听觉元素构成而无视觉元素，它或许能成为“有声剧”，但绝不能被称为“电影”。这是关乎本体的必要构成要素与非必要构成要素的问题。

因此，比“电影”界定范围更广的“影像”，自然包括“电影”所涵盖的作为必要构成要素的视觉元素与作为非必要构成要素的听觉元素，同时也应涵盖未来可能涉及的视觉、听觉以外的其他感觉。

综上所述，本书所论述的“影像”是由光学设备获取的，基于“动态影像”的，包含“电影”、“非电影”及“是否还是电影”的不同阶段，以视觉元素为必要构成要素、听觉及其他感觉为非必要构成要素的物质存在。

在对“影像”的英文翻译进行选择时，笔者采用以“动态影像”为主、媒介边界不局限在“电影”、以视觉元素为必要构成要素的“video”一词。

二、影像形态的构成

“影像”的界定明确了研究的主体，影像“形态”的构成则将明晰研究主体的具体内容，“形态”一词在《辞海》中的注解是指客观事物的形状与姿态，因此“影像形态”的研究即对影像形状与姿态的本体性研究。

在现代汉语中，“形态”一词中的“形”“态”二字一般搭配使用，尤其是对于影像而言，其外在的物质呈现也必然伴随着艺术特征与样貌，“形状”与“姿态”相互交融。尤其从“態”到“态”的由繁到简的过程中，“形”与“态”二字常常代替使用，如“静态”一词中的“态”实为外在的物质存在。

本书将“形”“态”二字拆解，分别论述影像形态构成中的技术与艺术特点，一是更易辨析二者单独的个体特征，二是“形”与“态”的密不可分也恰恰对应着影像中技术与艺术的共生共融。

（一）技术构成

庄子曰："物成生理谓之形。"意思是生命的物质基础就是"形"。与"形"相对应的英文用"form"表示。

"形"是身体的本质。对于影像而言，最基本的物质存在也就是"形"。纵览影像发展历史上的数次革命，无一例外都是由技术打响革命的"第一枪"。也正是由于技术的进步，影像才一次次更新换代变为今天的模样。毫不夸张地说，影像的革命历史就是科技发展历史的一个缩影。

因此，影像之"形"指的就是技术之"形"，是由技术推动的可被感知的外化呈现，即前文所述的元素构成，包含了作为必要构成要素的视觉元素与作为非必要构成要素的听觉元素和其他感知元素。

1.视觉元素

影像之"形"中的视觉元素作为必要构成要素，由"静态影像"不断演化而来，逐渐形成了"动态影像"最基本的动态之"形"，并在此后不断发展，伴随着色彩化、宽幕化、立体化，逐渐形成了一套视觉元素的构成要素。

视觉元素的构成要素包括以下四个方面：

首先是画面。画面之于影像之"形"，好比轮廓之于绘画，这是自"静态影像"就一直存在的构成影像之"形"的基础。影像画面的量化指数被称为清晰度，只有拥有可被辨别的清晰度的"影"才能成为"像"，这也是视觉元素成为影像形态之必要构成要素的根本原因。在数字时代，清晰度常用分辨率（实为像素）的概念代替，后文将对此问题展开详细论述。

其次是动态。如果说画面是影像视觉元素的基础，那么动态则是"影像"进入"动态影像"视觉元素的基础。对于人眼来说，每秒可以感知10—12帧图像，一旦每秒钟有更多的图像通过，每个图像之间的间隙缩短，我们的大脑就会将图像识别为运动。动态的量化指数被称为帧速率，指的是每秒钟刷新的影像的帧数，这是“动态影像”区别于“静态影像”的根本要素。动态影像的发展开始于牛顿和达赛爵士提出“视觉暂留原理”并利用这种特性将静态影像活动化，此后历经艾迪安·马莱发明了每秒12格的马莱摄影枪、因有声片出现帧速率从最初的每秒16格提高到每秒24格等发展时期，一直沿用至今，且在近年呈现向高帧速率发展的态势。

再次是色彩。色彩是动态影像视觉元素继清晰度、帧速率之后的又一次突破，色彩的参照与模仿来源于真实世界，即所谓“百分之百的天然色”。更重要的是，它具有传达作者创作意念的表现功能。色彩在影像视觉世界里是生命和情感的象征，阿恩海姆曾说：“人们传统上把形状比作富有气魄的男性，把色彩比作富有诱惑力的女性。”[①]这就好比影像之“形”中的“画面”与“色彩”之间的关系，清晰的画面构成“形”中的整体轮廓，丰富的色彩构成“形”中的动人细节。

最后是尺寸。尺寸关乎影像播放介质的大小及比例。影像之“形”的轮廓、情感及动态性已经构成，而“形”的具体呈现则要依赖于影像实物具有的尺寸，具体到电影来说就是院线银幕，对电视端来说是电视机，对传统互联网端来说是电脑显示器，对移动互联网端来说则是手机屏幕。例如身临其境地观看“世界七大奇迹”与手持明信片浏览“世界七大奇迹”的微缩照片在审美体验上的差距较大，同样画面清晰度、帧速率、色彩的影像作品，其“形”的大小差异也能造成截然不同的感受。

除上述四种构成要素外，立体视觉感受也正在逐渐成为影像之“形”的主要视觉元素之一。值得一提的是，和听觉元素一样，哪怕在作为影像必要构成要素的视觉元素中，也并非所有要素都是必要存在的。

---

① 阿恩海姆 . 艺术与视知觉［M］. 滕守尧，译 . 成都：四川人民出版社，2019：345.

2. 听觉元素

听觉元素进入影像之“形”，其本质是在静态影像与留声机因对现实世界非充分反映而各自进化后的再次重聚，并已成为作为视听综合艺术的影像的重要组成部分。

纵然在“动态影像”诞生之初听觉元素曾缺席，但哪怕在默片时代，电影创作者也经常配以讲评人来叙述故事、补上角色间的对话，或是在电影放映时配以相应的乐器伴奏。媒介环境学派将现代技术文明出现之前的传播环境称为“前技术环境”，并指出在前技术环境中，人类主要是以视觉与听觉参与观察。因此，从听觉元素加入的必然性与其目前在影像艺术中的重要性而言，相较于其他尚不确定的感觉元素，“听觉元素”应定义为影像之“形”的次要元素更为贴切。

听觉元素一般分为人声、音响与音乐。分别对应着提供主要信息的对话内容、还原真实现场感的声音效果与烘托气氛的背景音乐。而这三种声音以不同的音量、音调与因素共同形成了“影像”中的听觉元素。

3. 其他感知元素

除此之外，我们并不能否认在日常生活中，除“视觉”“听觉”以外其他感官认知现象的存在。在很多情况下，这些感知元素显得尤为重要（例如面对食物时的味觉、面对香料时的嗅觉等）。

同时，前技术环境中的交流通常并不是观察性的，而是相互作用的。在两人或两人以上的对话中，触觉或者其他非听觉的感觉起到很大作用。因此，在目前以观察为主的媒介环境中，超越视觉与听觉的其他感知元素或许只是设想，但是或许在强调互动为主的媒介环境中，其他感知元素的参与会变为可能。

（二）艺术构成

“态”，简化自“態”。“態，意态也。”指的是“心所能必见于外”。与

“态”相对应的英文应用“style”表示。

如果说影像之“形”指的是在技术推动下的外在存在。那么“态”所体现出的则是在艺术影响下的由内而外的神情与姿态。

不可否认，技术催生的摄影术使得静态影像与动态影像出现。但与此同时，摄影对于现实世界的写实性也是前所未有的。斯坦利·米尔格拉姆（Stanley Milgram）曾对静态影像的照片如此描述：“英语对照片的本质的描述可谓一针见血：摄影师拍（take）照片，而不是摄影师创造（create）照片。”①同样，这种翻拍而非创作的属性也来源于动态影像的诞生之初，大部分早期的电影都是现场戏剧表演的另一个版本：布景的舞台、盛装打扮的男女、固定的机位、一镜到底的录制，其创造属性仅存在于戏剧之中。技术之“形”给予了影像生命，却未曾给它增添魅力。

真正让影像焕发生机的，是来源于创作语法构成的艺术之“态”。这是一种汲取自戏剧艺术语法，并结合能够更好复制真实世界的特性这一巨大优势的影像艺术语法的一种全新的艺术语法，也正是这种全新的艺术语法让电影（动态影像）正式进入艺术之门，被乔托·卡努杜称为并列于建筑、绘画、雕塑、音乐、舞蹈、戏剧的“第七艺术”（乔托·卡努杜提出时并未将“文学”包含在内，如今更多的是将“文学”包含在内，统称为八大艺术）。

总体而言，影像之“态”是一种整体的综合感受，但也由各个艺术元素共同构成。其中既有脱胎于戏剧艺术的编剧艺术、导演艺术、表演艺术、灯光照明艺术、声音艺术及包含服装、化妆、道具在内的美术艺术，也有影像独有的摄影艺术、剪辑艺术、合成艺术等。这些艺术元素各自独立操作，却也相互协同运转，由内在艺术审美作用下的“心所能”出发，通过艺术语法的创造，“见于”影像传递出的艺术神情与姿态之“外”，这便是影像的艺术之“态”。

---

① MILGRAM S. The image-freezing machine［J］. Society，1976，14（1）：7-12.

三、何谓影像形态之“流变”

“流”，意为传播、扩散；“变”，意为变化、衍变、变迁。所谓“流变”，就是指事物在社会环境中随着广泛的流传、散布发生性质、表征上的变异。

在西方学术界，“流变”（rheology）一词由拉法耶特学院的尤金·库克·宾汉教授根据他的同事马尔克斯·雷纳的建议于1920年首创①，研究的是在外力作用下物体的变化和流动。

在影像历史进程中，其形态是通过观影体验，经由数次大的影像技术革命与小的技术革新，并伴随着不断创新的艺术语法而持续发展的。因此，用“流变”来概括影像随着传播而产生外化形状与姿态的影像形态或突然变化或长期流动的动态过程是相对比较准确的。

具体而言，影像形态的流变过程包括单次流变与整体流变。

单次流变指的是某一影像形态的完整流变过程，即影像历史发展过程中的数次形态革命，包括电影诞生之初的由静态影像向动态影像转变的动态化流变、由无声影像向有声影像转变的有声化流变、由黑白影像向彩色影像转变的彩色化流变、由窄幕影像向宽幕影像转变的宽幕化流变以及正在进行的由平面影像向立体影像转变的立体化流变。除尚未完成的立体化流变外，以上流变均包含了技术之“形”与艺术之“态”的完整变化过程。值得一提的是，对现代影像史影响深远的数字化革命并未列入单次流变之中，其根本原因在于数字化革命是对于影像拍摄、存储及播放介质的转变，并未对影像形态产生颠覆性影响。但不可否认，数字化革命对于上述各类影像流变产生了不同程度的促进作用。

---

① STEFFE J. Rheological methods in food process engineering［M］. Michigan：Michigan State University，1996.

整体流变指的是综合数次影像流变之上的整体脉络发展，基于整体流变的分析，能够形成影像形态的构成要素及可能存在的基本规律。

此外，VR影像流变的分析需要在总结影像流变构成要素和基本规律的基础上，判断其是否属于影像流变进程之后再做讨论。

影像形态的流变研究是从对于影像形态具体变化的个案行为到影像形态单次流变的局部判断，再到影像形态整体流变的规律性总结。由此，基本确立了本书研究层次是介于个案本体的微观研究与媒介生态的宏观研究之间的关于影像形态流变的整体构成要素和基本规律的中观研究。

四、影像形态中的“审美心理距离”

在厘清影像形态流变基本概念之后，本节将对两者的关系进行论述：将影像形态中的“审美心理距离”与其他艺术媒介中的应用进行横向比较；根据“审美心理距离”在影像中的特征对其基本理论进行应用性的修订与延伸；探讨作为参考标准的“审美心理距离”理论作为影像形态流变研究视域的充分性与必要性。

（一）“审美心理距离”理论及其应用

1.“审美心理距离”的起源

“审美心理距离”理论来源于瑞士心理学家爱德华·布洛（Edward Bullough）在1912年发表的论文《作为一个艺术因素与审美原则的“心理距离说”》（“Psychical distance” as a factor in art and an aesthetic principle）中的“心理距离”（psychical distance）[①]这一概念。该学说于20世纪初引入中国，1988年被《社会科学新辞典》收录，并将其翻译为“审美距离”（aesthetic

---

① BULLOUGH E. “Psychical distance” as a factor in art and an aesthetic principle［J］. The British psychological society，1912（5）：87-117.

distance）[①]。就文本本身而言，“心理距离”更接近英文的直译，“审美距离”则是基于布洛的讨论语境加以限定而形成的意译，即在审美过程中的心理感知距离。然而这种意译却丢失了理论中最核心的“心理学”内容，且容易产生与物理上的“实际空间距离”或是想象中的“重现空间距离”的误会，因此用其全称“审美活动中的心理距离”（psychical distance in aesthetic activity）或简称为“审美心理距离”更为严谨。本书及笔者今后的写作中将统一采用“审美心理距离”一词。

产生于20世纪初的“审美心理距离”理论，是源于布洛不满意彼时对艺术研究所采用的形而上的方法而提出的。布洛认为，审美态度中有着可以辨认的心理因素，即对于事物采取一种非实用、保持一定距离的态度，那种对于事物采取一种直接的（如伦理的、经济的、理智的、实用的）功利态度与艺术和审美无关。在布洛看来，“审美心理距离”是一个自我审视的过程，只有具备这种心理距离的审美才是真正的审美过程。他虽然在“审美心理距离”中排斥了功利，却保留了“过滤过”的情感，认为这种“有人情但又有距离的关系”才是艺术的关键所在。

布洛在这篇论文中首次提出了“审美心理距离”这一概念。这一概念摒弃了传统距离概念中对“空间”与“时间”的认识，将重心放在心理学角度去解读人们在审美欣赏过程中的“距离”，并以此创立了以“审美心理距离”为核心观点的审美心理学理论体系。

在布洛的观点中，所谓“审美心理距离”是指审美过程中作为参与欣赏的审美主体与被欣赏的审美客体之间的距离。对此，布洛以其著名的“海上生雾”理论为例，指出对船员而言，出海时的大雾天气总是令他们苦不堪言，“海上生雾”更多是指面对未知困境的心理恐慌。持续的紧张气氛，口口相传的舆论引导，大雾仿佛预示着世界末日的到来。然而，如果

① 汝信．社会科学新辞典［M］．重庆：重庆出版社，1988.

我们超越个人目的、需要、功利（如担心、恐惧、紧张、焦虑等），在自己与海雾之间建立起一种心理距离的话，我们就能欣赏到海雾中的奇美景致。[1]

布洛认为，距离的作用有其否定、抑制的一面，即“摒弃了我们对待这些事物的实际态度”，也有其肯定的一面，即“在距离的抑制作用所创造出来的新基础上将我们的经验予以精练”。

因此，当一个事物产生距离的时候，其形象便不是我们的正常视像。按照这个道理，经验常常以其最具有实际吸引力的一面面对我们，但一旦我们平常看不到的事物背面突然出现，便很有可能成为对我们自身的某种呼唤。更准确地说，这就是艺术的启示，“距离乃一切艺术的共同因素”。

在提出“审美心理距离”的基础上，布洛还提出了“距离的内在矛盾”。

布洛指出：“如果危险或痛苦太紧迫，它们就不能产生任何愉快，而只是恐怖。但是如果在某种距离之外，或只受到了某种缓和，危险和痛苦也可以变成愉快。”因此只有达到某种协调，才能达到完美的审美体验。而这种协调的原则首先来自作为主体的受众，他们既要有经验的吻合，又要保持一定的距离；其次来自创造影像客体的艺术家，当艺术家凭借艺术经验，通过艺术创造产生出高度个性化又与纯粹的个人经验分开的艺术作品才能产生最大的艺术效果。

“审美心理距离”既可以根据主体保持“距离”的力量大小而变化，即所谓的主体差异，也可以根据客体的特性而变化，即所谓的客体差异。因为这种差异的存在，构成了“审美心理距离”的三种形态，即主客体相协调形成良好审美体验的“适距”（proper-distance）、常由主体导致的被称为“粗鄙的自然主义”的“差距”（under-distance）与艺术客体本身所致的给人不切实际、空洞印象的“超距”（over-distance）。

---

① BULLOUGH E. “Psychical distance” as a factor in art and an aesthetic principle［J］.The British psychological society，1912（5）：87-117.

对于主客体之间完美协调的理想情况，布洛描述为“把距离最大限度地缩小，而又不至于使其消失的境界”[①]，并将这个边界称为“极限距离”。

从理论上讲，“距离”的缩短是可以无止境的，艺术家在这方面具有极高的才华，而普通人则不具备这种能力，他们的“极限距离”比起艺术家要高得多，同时这个极限在不同的人中高低悬殊也很大。但是，布洛也曾给出以下推论：“在艺术实践中，明确地涉及机体的感情，涉及人体的物质存在，尤其是两性关系，这些都是处于距离极限之下的，在艺术上只能谨慎行事地予以对待。涉及对人有程度不同的重要性的社会风俗习惯——特别是涉及对其是否正当有所怀疑——对某些大家公认的伦理准则提出疑问，对当前社会公众十分关切的现实题材有所牵涉，如此等等，这一切都包含着一种使艺术作品濒临一般极限的边沿的危险。”

“极限距离”在艺术家和艺术欣赏者之间也存在着较大的差异，这种差异也是造成种种误解和不公正的根源。不少艺术家的作品被人指责，以至于本人也受到排斥，被认为道德败坏。可在艺术家本人看来，作品确实是地道的美术品。这种艺术距离的可变性是艺术的一个普遍特征，也是距离“内在矛盾”的前提条件。

2.“审美心理距离”理论的发展

作为审美心理学中的早期经典理论，关于“审美心理距离”理论的研究与发展从未停滞。1964年，美国美学家乔治·迪基（George Dickie）发表了论文《审美态度的神话》，并于1974年出版了专著《艺术与审美》。迪基认为，“审美心理距离”并不存在，存在的只是注意与不注意的区分，欣赏是注意，走神等则是不注意。[②]

---

① BULLOUGH E. “Psychical distance” as a factor in art and an aesthetic principle ［J］.The British psychological society，1912（5）：87-117.

② 张冰 . 分析美学视野中的心理距离说：对一段美学公案的检讨［J］. 西北大学学报（哲学社会科学版），2008（2）：51-54.

面对迪基的质疑，阿兰·卡塞比尔（Alan Casebier）认为，迪基所提出的问题在于没有发现布洛的“审美心理距离说”中的距离的内涵，布洛所谓的“审美心理距离”于注意意义应属“注意距离”，于情感意义应属“情感距离”。卡塞比尔认为，以布洛所论“审美心理距离”中的案例来说，“海上生雾”的旅客对大雾的观赏即为“注意距离”，而丈夫在观看《奥赛罗》时的忌妒心理则属于“情感距离”。同时，两种意义上的“距离”都是集合概念，注意距离包括三种可能：一是注意对象内部构成因素；二是注意对象外部因素；三是二者兼顾。他认为，只有注意对象的内部构成因素才是审美注意。情感距离则包括满足、深深被打动的感觉、快乐等。①卡塞比尔的论述，对于判断主体是否在进行审美欣赏是很好的补充，即主体对象必须同时产生“注意距离”和“情感距离”才能进行审美欣赏。

卡塞比尔对布洛的学说进行了延伸与拓展，使“审美心理距离说”具有了可操作性。一方面，他将主体审美中的“注意”与“情感”进行区分；另一方面，他又指出，用“distance”表达“距离”并不恰当，恰当的表达应用“separation”代替，即用“注意区分”与“情感区分”替换“注意距离”与“情感距离”。但由于习惯使然，目前学界还在沿用布洛的“距离”一词，英文“distance”也因此保持不变。

3.“审美心理距离”的本土化研究

作为我国著名的美学家和文艺理论家先驱，朱光潜先生是将布洛的“审美心理距离”引入中国的第一人，一直推崇并致力于推广、发展“审美心理距离”理论。朱光潜先生的博士论文《悲剧心理学》以“审美心理距离”作为理论框架，几乎每一章都有“审美心理距离”的影子。在其著作《文艺心理学》和《谈美》中，“审美心理距离”是构成其美学思想框架的核心概念之一。在《诗论》等著作中，也包含了经由朱光潜先生改造

① 张冰．分析美学视野中的心理距离说：对一段美学公案的检讨［J］．西北大学学报（哲学社会科学版），2008（2）：51-54.

的“审美心理距离”的思想。甚至他在1956年发表的《我的文艺思想的反动性》一文中对自己曾介绍过的所有美学思想进行了批判，但仍对“审美心理距离”念念不忘，在觉得今是而昨非、仿佛前半生都是白活的情况下，仍然没有抛弃它。

朱光潜以“审美心理距离”为研究起点和理论基点，在此基础上提出了“人生艺术化”的主张，进一步深化了“审美心理距离”的内涵，开拓了其外延，体现了“审美心理距离”这一理论在审美活动中的价值和意义。综合朱光潜对布洛“审美心理距离”的运用和发挥，其对“审美心理距离”的理解具体总结为以下三点：

其一，朱光潜将“审美心理距离”作为理论基础，对悲剧快感问题做出了新的解释。在《悲剧心理学》中，朱光潜首先分析了历史上悲剧快感的几种学说：恶心说、同庆说、性善论，并指出其并不符合近代心理学的要求，仍属于“自上而下”式的哲学思辨方法，并不以实际出发。而“审美心理距离”理论“自下而上”的实证经验分析方法肯定了艺术与生活的联系性，指明了源自日常生活的审美经验在审美活动中的重要作用，又明确了艺术与实际生活的区别。在他看来，“审美心理距离”是一条有用的标准，它避免了二者的狭隘。

其二，朱光潜首次将“审美心理距离”的概念运用在了美感经验分析当中。在他看来，“审美心理距离”不单是直觉的产生基础，同时也在一定程度上弥补了克罗齐“直觉说”自身的理论不足。通过“审美心理距离”中对于主客体共同作用产生“距离”的观点，朱光潜对美观感经验的分析也从心物一元论走到主客统一的理论观点上来。他指出，“直觉说”的偏差首先在于其美感活动从“科学”“实用”“美感”中抽离出来。朱光潜的这一观点实现了形象思维与抽象思维的辩证统一，充分肯定了艺术与生活的联系，也将“审美心理距离”扩展到了布洛未提及或预见的领域。

其三，朱光潜于“审美心理距离”的基础之上提出了“人生艺术化”

的命题。“人生艺术化”的命题确立于20世纪上半叶，这是在一定历史时期的集体成果。

朱光潜在“人生艺术化”的命题中曾做过如下阐释，认为完满的人生应该是实用活动、科学活动、美感活动的平均发展。而实际人生则较完满人生相对狭窄，两者之间的差异正是“审美心理距离”中所明确强调的。“审美心理距离”主张以美感的态度对待生活，是“人生艺术化”要求实现人生的情趣化的理论引导。

1912年，布洛在《作为一个艺术因素与审美原则的“心理距离说”》一文中提出“各个不同的特殊艺术部类要求人们欣赏领会它们时所必须具备的保持距离的程度大小差别很大”，并提到“感到缺乏资料的难处”，但仍表明“有必要进行观察研究，如有可能，还应该做做实验，以便把这一类想法建立在更加牢靠的基础之上”。即便如此，他也试图将“审美心理距离”的理论在不同艺术种类中加以验证。在电影刚刚诞生尚未被称作“第七艺术”的20世纪初，布洛在有限的资料内，从“审美心理距离”的角度对包含文学、建筑、绘画、雕塑、音乐、舞蹈、戏剧的七种艺术媒介形式（1911年，乔托·卡努杜发表了名为《第七艺术宣言》的文章，并未将戏剧纳入七种艺术媒介中）进行了详细的论述。

4.“审美心理距离”的当代研究与应用

100多年后的今天，在资料不再“缺乏”的时代，许多学者试图弥补布洛的遗憾，致力于“审美心理距离”与艺术媒介的应用研究。王基林在《唐宋词的审美距离》中将“审美心理距离”的理论运用在中国古代诗词文学中，他认为唐宋词的悲剧性的根本原因仍在于审美距离。史慧慧在《浅谈“第四堵墙”在戏剧创作中对文本接受者的反作用》中探讨了戏剧创作中“距离”的接受与反作用。杨文超在《论〈让子弹飞〉对审美距离处理的得与失》中则将“审美心理距离”理论直接运用到个案文本的审美活动分析之中。

当然，在布洛提出“审美心理距离”百余年之后，仍有不少学者致力于对该理论的阐释与挖掘，主要集中在比较研究与当代环境中的重新解读。唐小林在《布洛说反了：论审美距离的符号学原理》中以符号学的方式重新解读了“审美心理距离”，并提出“意指距离”产生了艺术文本的内在距离。欧阳翠凤在《审美的“心理距离说”与“入出说”比较研究》中将“审美心理距离”这一西方美学理论与我国美学范畴中的“入出说”进行比较研究，整理二者异同之处。廖志亮则在《审美距离的现代性解读》一文中表明在当下审美泛化的情形下，作为审美现代性的“审美心理距离”可以重新唤醒人们对美的无功利性和超越性体验[①]。

（二）影像：更近的“审美心理距离”

从纵向的历史维度来看，各类艺术媒介中的“审美心理距离”伴随着其发展过程的不同阶段，呈现出与之相匹配的“审美心理距离”的变化。从横向的比较视野来看，不同艺术媒介之间的“审美心理距离”也存在着较大区别。

针对不同艺术媒介之间的差异性，布洛在提出“审美心理距离”时曾进行详细的比对和论述。在提及戏剧时，布洛从戏剧审查委员会的文献中寻找资料，并指出“一般来说剧场演出无疑自来就带有丧失距离的特殊冒险性，这是由戏剧主体素材赖以体现的材料与别的艺术不同而造成的”；提及舞蹈时，他提出“最富有表现力的技法可以大大弥补舞蹈本身丧失距离的固有倾向”；提及雕塑时，他强调雕塑与人体完全一致的物质空间的存在也对“审美心理距离”的形成造成威胁；提及绘画时，他认为绘画艺术能够比雕塑更接近“极限距离”，因为表现形式使然；而音乐与建筑则是由于它们的抽象性在距离方面表现出惊人的伸缩性。

---

① 廖志亮．审美距离的现代性解读［J］．乐山师范学院学报，2009，24（2）：41-43.

根据布洛的观点并结合前文论述，不难发现，不同的艺术媒介之间的“审美心理距离”因其艺术呈现形式的不同存在较大差异，也因其发展的进程不一呈现出不同的“距离”走向，具体可从艺术起源之一的“模仿说”说起。在以亚里士多德为代表的“模仿说”的艺术家眼中：模仿是人类与生俱来的天性和本能，艺术是人类对于自然的模仿而创作出来的。这种最初的“模仿”要追溯到从猿到人过渡的后期，原始的生产劳动和部落战争所需要的群体间传递信息的声音与动作促使了音乐、舞蹈的萌发；旧石器时代的史前洞穴壁画、雕刻也象征着在生产水平极低的人类早期文明中，绘画与雕塑便已开始萌芽；再至此后，源自现实生活的戏剧艺术的出现。此后，各类艺术媒介虽出现不同流派风格，在具象化与抽象化之路上分道扬镳，但越晚出现的艺术媒介在对现实的“模仿”上越有着先天的技术优势。可以说，新的艺术媒介总是伴随着生产力的提高以及对现实“模仿”能力的进一步增强而诞生的。换言之，因生产力提高而诞生的新的艺术媒介具有通常更近的“审美心理距离”。

因此，艺术媒介中诞生最晚、代表更先进生产力的影像艺术也理应比其他艺术媒介的“审美心理距离”更近。

静态影像起源于摄影术的诞生，从一开始就是对现实内容的真实再现。提起早期的静态影像，人们时常回想起法国艺术家保罗·德拉罗什（Paul Delaroche）的那句名言：“从今天开始，绘画就死了。”当然，绘画至今仍活跃在艺术领域，只是在与静态影像的写实竞争中进行了转向，往抽象化与印象化的方向发展。正如麦克卢汉所言，媒介很少死亡，只是会在丧失某种竞争力后成长为一种新的艺术形式。但在“审美心理距离”的判断标准下，影像在“更近的距离”的追求上，已经把绘画远远甩开。

进入动态影像阶段之后，纵然仍有较大缺陷，影像对于现实的再现已然超越了几乎所有的艺术媒介。虽然戏剧、舞蹈也都是由人所扮演的，但影像没有舞台，或者说影像的舞台就是现实。按照巴赞的理解：“在起源物和它的复制品之间，第一次出现了无生命的代理人。”并且在随后的形态流变过程中，影像的功能逐渐被完善。通过有声化的流变，影像弥补了与音乐相比较在声音上的缺陷；通过彩色化的流变，影像弥补了与绘画相比较在色彩上的缺陷；通过银幕宽幕化的流变，影像弥补了与戏剧、舞蹈相比较在视野上的缺陷；通过进行中的立体化的流变，影像正在试图弥补与雕塑、建筑等艺术相比较在三维感知上的缺陷。

因此，先天就具备比其他艺术媒介更近的“审美心理距离”的影像，随着其形态的不断流变，其“审美心理距离”已经“比近更近”，但这种“更近”的程度与其他艺术媒介相比到底是一种量变还是质变，这将在后文的讨论中得出答案。但可以肯定的是，正是这种“比近更近”的距离才让“审美心理距离”可以作为参照标准进而探索影像形态的流变进展和规律。

（三）再次延伸的“审美心理距离”理论

为了将“审美心理距离”作为参照标准用于影像形态流变的研究，需要在布洛所提出的“审美心理距离”的理论基础之上，针对影像媒介的特点，对很多没有特别明晰的概念进行应用性的修订与延伸。

1.“区间”

布洛将主体与客体之间在审美活动中构建的心理感受距离称为“审美心理距离”。如果这个“距离”可被度量或定义数值的话，那“审美心理距离”则应仅仅代表了审美活动的某一瞬间的“距离”。对于影像而言，审美活动过程包括了影像放映的全部过程，而在这个过程中，无论是影像内容的变化还是受众情绪的变化，都会对“距离”产生直接影响。同时，作为艺术整体的影像，存在着起承转合的叙事结构以及情感的铺垫与爆发，某一瞬间的“距离”不仅不能代表整部影片的“距离”，而且存在着因情感累积带来的“距离”叠加或干涉效应。因此，影像中的“审美心理距离”应是作为一个“区间”（range）而存在的。

对于单一客体的单次观影行为而言，“区间”指的是该客体在本次观影过程中所构建的“距离”的最大值与最小值之间的范围。而对于以集体观影为主要形式的电影而言，“区间”指的是群体客体在观影中集体构建“距离”的最大值与最小值之间的范围，因为观影群体的审美经验存在差异，这个群体“区间”往往比个体“区间”要大得多，这也是很多影片出现褒贬不一的重要原因。

影像形态流变的研究需要关注一定阶段内“审美心理距离”的变化，这里的“区间”指的是大量受众群体在一定阶段内“距离”的最大值与最小值之间的范围。相较单次观影“区间”，阶段内的“区间”则要更大，呈现的“审美心理距离”的多样性则更多。因此，对于“区间”的合理选择，也是以“审美心理距离”作为参照标准有效分析的重要因素。

2.“绝对距离”

既然“审美心理距离”是以一定的“区间”存在的，那么这个区间中的不确定值将会有很多，尤其是同时存在主体受众与客体影像两个变量的情况下。通常情况下，确定的区间应当是由一个定量和一个变量组成。

鉴于观影行为是单个或多个主体受众面对一个客体影像，而不是多个客体影像同时被单个主体受众观看。鉴于此，布洛为言明“审美心理距离”的概念，指出实际应当以客体为参照系，审美活动中主体受众与客体影像之间的“距离”，或将其称为“审美活动中的绝对心理距离”（absolute psychical distance in aesthetic activity），在关于“审美心理距离”的讨论中亦可简称为“绝对距离”（absolute-distance，简称Ad）。

“绝对距离”会随主客体关系的变化而变化，因此“绝对距离”也是一个区间，如图2-1所示。该区间内也存在着最大值Ad（max）与最小值Ad（min），区间则用△Ad表示，即：

$$\triangle Ad=[Ad(min), Ad(max)]$$

就微观的单次审美而言，“绝对距离”区间指的是一次观影过程中“绝对距离”的最大值与最小值；影像流变中的“绝对距离”区间指的是同一时间下，不同主体受众对不同客体影像的“绝对距离”的最大值与最小值。

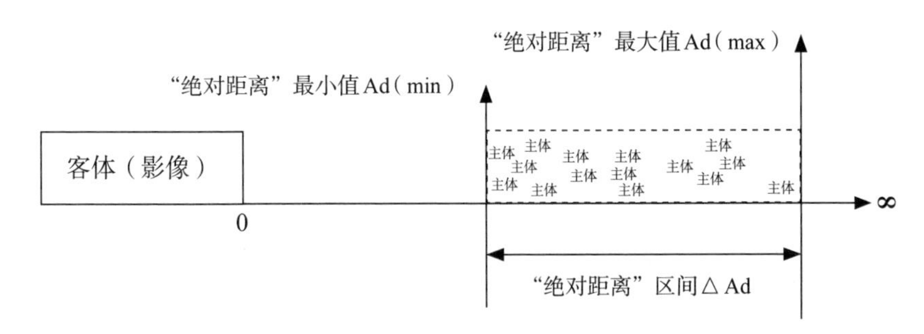

图2-1 “绝对距离”示意图

3.“极限距离”

“极限距离”（distance-limit，简称Dl）最初由布洛提出，是指“把距离最大限度地缩小，而又不至于使其消失的”临界状况。但这个界定并不完整。

根据布洛的解释，一旦低于这个临界，就会出现距离过小的“差距”状况，将审美体验落入生理冲动的功利情况下。对于这个临界状况，布洛只解释了一半，另一种情形就是“当这个距离最大限度地扩大，而又不至于使其过远”的临界状况，当高于这个临界的时候，就会出现距离过大的状况，也就是大部分观众觉得空洞乏味，可能变为一种小众艺术的“超距”现象。

因此，“极限距离”也分为上限与下限，即Dl（max）与Dl（min），上述两种临界状况正对应着即将“超距”的“极限距离”上限Dl（max）与即将“差距”的“极限距离”下限Dl（min）。严格意义上的“极限距离”应当也是作为区间存在的，指的是主体在审美体验中可以欣赏的领域的边界距离区间△Dl，即：

$$\triangle Dl=[Dl(min), Dl(max)]$$

“极限距离”以主体受众为参照系，取决于审美主体的审美经验。一般情况下，同一主体的“极限距离”区间△Dl随着观影经验的发展而扩大。同时，不同主体的“极限距离”区别很大，一般来说，艺术家的“极限距离”区间宽于受众；现代人的“极限距离”区间宽于过去的人，如图2-2所示。

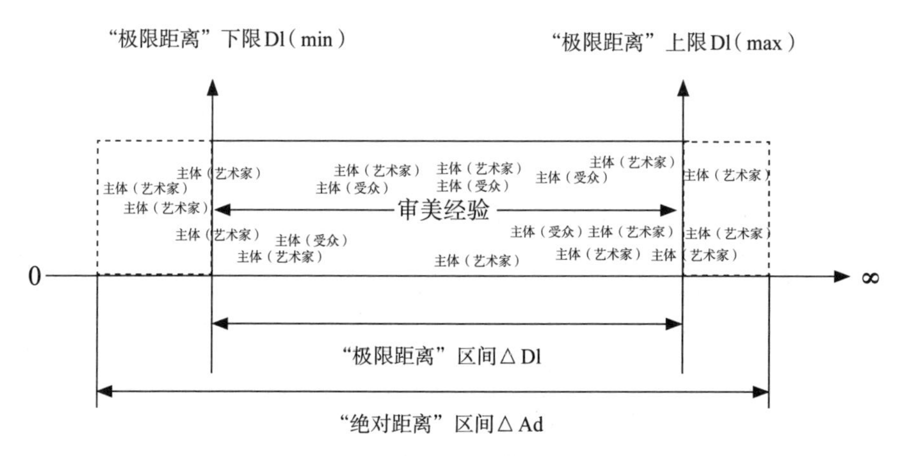

图2-2 “极限距离”示意图

4.“相对距离”

为进一步完善作为影像形态流变中的参照标准，笔者在根据布洛理论明确“绝对距离”Ad与“极限距离”Dl的基础上，以主体受众为参照系，结合布洛的“差距”与“超距”概念，提出了“审美活动中的相对心理距离”（relative psychical distance in aesthetic activity），在关于“审美心理距离”的讨论中亦可简称为“相对距离”（relative-distance，简称Rd）。

“相对距离”指的是以主体受众为参照系，主体在审美活动中的“绝对距离”区间与其可以欣赏领域的边界的“极限距离”区间的差△Rd。

这种“相对距离”区间△Rd只有当“绝对距离”区间△Ad大于“极限距离”区间△Dl时才会存在，△Rd的存在也必然伴随着功利心占据主导地位沦为生理刺激的“差距”现象或可能沦为小众艺术的“超距”现象，即：

$$\text{If } \triangle Ad > \triangle Dl,$$

$$\triangle Rd = \triangle Ad - \triangle Dl$$

当“绝对距离”区间△Ad小于或等于“极限距离”区间△Dl时，△Rd则不存在，审美活动也趋于良好，即：

$$\text{If } \triangle Ad \leqslant \triangle Dl,$$

$$\triangle Rd = 0$$

“相对距离”可分为两种，一种是“绝对距离”大于“极限距离”的“相对距离”上区间，即存在“超距”现象△Rd（max）；另一种是“绝对距离”小于“极限距离”的“相对距离”下区间，即存在“差距”现象的△Rd（min），如图2-3所示。

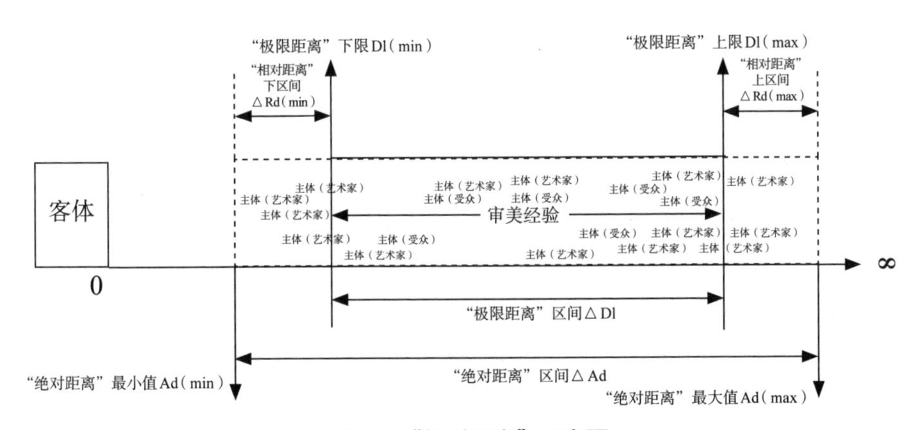

图2-3 “相对距离”示意图

当“绝对距离”最小值Ad（min）小于“极限距离”下限Dl（min）时，“相对距离”下区间△Rd（min）出现，“差距”现象产生，其区间应为“绝对距离”最小值Ad（min）与“极限距离”下限Dl（min）构成的范围，即：

$$\text{If } Ad(min) < Dl(min),$$

$$\triangle Rd(min) = \triangle[Ad(min), Dl(min)]$$

当“绝对距离”最小值Ad（min）大于或等于“极限距离”下限Dl（min）时，“相对距离”下区间△Rd（min）不再存在，“差距”现象消失，即：

$$\text{If } Ad(\min) \geq Dl(\min),$$
$$\triangle Rd(\min)=0$$

当"绝对距离"最大值Ad（max）大于"极限距离"上限Dl（max）时，"相对距离"上区间△Rd（max）出现，"超距"现象产生，其区间应为"极限距离"上限Dl（max）与"绝对距离"最大值Ad（max）构成的范围，即：

$$\text{If } Ad(\max) > Dl(\max),$$
$$\triangle Rd(\max)=\triangle[Dl(\max),\ Ad(\max)]$$

当"绝对距离"最大值Ad（max）小于或等于"极限距离"上限Dl（max）时，"相对距离"上区间△Rd（max）不再存在，"超距"现象消失，即：

$$\text{If } Ad(\max) \leq Dl(\max),$$
$$\triangle Rd(\max)=0$$

（四）作为参照标准的"审美心理距离"

以"审美心理距离"理论作为参照标准映射和分析影像形态的流变，需要解决以下两个问题，以"审美心理距离"作为参照标准的充分性，以及运用"审美心理距离"理论视域的必要性。

1. 以"审美心理距离"作为参照标准的充分性

前文以布洛的"审美心理距离"理论为基础，结合具体影像媒介，提出包括"绝对距离""极限距离""相对距离""差距""超距"在内的一套完整的参数标准。只要受众主体与影像客体之间产生审美活动，"距离"就会存在，这套标准对于"审美心理距离"的界定足以映射和解释受众在观影过程中的各种行为。

但是，本书讨论的最终指向和落脚点是影像形态，因此必须跨越这条从主体的受众接受到客体的媒介形态的鸿沟。

鉴于此，必须明晰这种受众的接受行为的本质。对于影像而言，受众的观影行为并非被动接受而是一种主观选择，尤其是对于影像这种本来就带有商品属性的艺术媒介而言，受众主体也是消费者，观影过程同时也是一种消费行为，受众对于影像的接受程度会直接作用于具有商品属性的影像客体，包括影像形态本体在内，甚至可能起到决定性的作用。

但这并不是说影像形态的流变过程就是一种由受众主导的“主体决定论”。受众接受行为虽是主动选择，但在选择的一刹那，就已经包含了在观影前就已经由影像创作者形成的客体作用。“接受”一词也注定了作用的一方来自影像客体。最终，影像客体作用于受众主体，受众主体的接受程度同样也会反馈回影像客体，形成了主客体的共同作用，最终以因商品属性产生的消费力影响到影像形态的流变。（关于这点，在传播学中作为受众的主体转向问题也曾被明确提出。）

同时，作为受众的主体并非隔离于社会文化的独立存在，其接受行为必然会受到所处的时代特征、文化环境及社会属性的共同影响。

此外，影像形态中无论是视觉、听觉或其他感觉的“形”的变化，还是各类艺术手段的“态”的变化，都会导致影像客体发生变化，最终也必然呈现为“审美心理距离”的变化。

因此，看似解释观影行为的“审美距离”参照体系实际上是对影像形态另一种维度的诠释，而这个维度恰好包含了关于技术的电影原理学、关于艺术的电影语言学、关于受众的电影接受学、关于社会文化的电影文化学在内的影像研究的四个源学科的研究内容。

2.运用“审美心理距离”理论视域的必要性

首先，如前文所述，影像形态受到来自受众主体与影像创作者形成的客体的共同作用，这种双重变量对于基于历史资料的事实判断和定性研究经常是难以确定的。这就好像美学之中的主客之争，在心或在物，难以分辨。100多年前，布洛提出的“审美距离”正式通过现代实证主义心理学和哲学的理论将美的主客之争用“距离”的概念另辟蹊径地明确化了。100多年后，我们仍然可以用“距离”的概念来回避影像形态的双重作用之困。

其次，“审美心理距离”理论隶属于“审美心理学”。心理学者认为，审美心理学是完整的心理科学大厦中不可分割的一部分，是应用心理学的重要分支。审美心理学与一般的美学理论有着重大的区别，即作为科学的审美心理学不只是泛泛地解释审美心理的种种表现，还在于找出审美心理规律来有效指导审美活动，使人类的审美活动有可能在科学的帮助下达到事半功倍的效果。因此，在利用“审美距离”作为参照标准对影像形态进行定性分析的基础上，亦可同时对这种参照标准与影像形态的流变过程量化，既能找出影像形态的流变规律，亦能探析影像审美活动中的心理规律，使其朝着更加趋于真、善、美的方向发展。

最后，将“审美心理距离”理论应用在影像媒介的研究中，是“审美心理距离”继七大艺术媒介应用之后的再一次验证，这既是“审美心理距离”在现有艺术媒介的最后一块拼图，也是论证影像媒介在其他媒介的基础上使“审美心理距离”发生量变、质变的绝佳机会。

第三章　影像形态历史论

探析影像形态的流变过程，总结影像形态的流变规律、分析影像形态的发展趋势及VR影像作为影像形态未来发展的可能性，一切研究都需要从其原初——“电影”及从“静态影像”过渡到“动态影像”的非电影阶段开始。

1895年12月28日，包括《工厂大门》在内的第一批黑白默片公映标志着电影的诞生；1927年10月6日，《爵士歌王》首次公映标志着有声电影的诞生；1935年6月13日，《浮华世界》首次上映标志着彩色电影诞生；1953年9月16日，《圣袍千秋》首次上映标志着变形宽银幕电影诞生；2003年4月11日，《深渊幽灵》首次上映标志着数字立体电影诞生。100多年的时间，电影从诞生之日起历经4次大的技术革命和千百次技术革新走到今天，与此同时电影艺术家也为其发展进行了无数次的艺术探索，“审美心理距离”在技术革新和艺术探索中跌宕起伏。影像在重重作用、数次流变后成为如今的影像“形态”。

本章将以影像发展历史中已经完成及正在进行的五次形态流变过程作为研究样本，以“审美心理距离”作为应用理论及参照标准，在动态化、有声化、彩色化、宽幕化及立体化的流变过程中，具体分析影像形态流变产生的缘起、流变中面临的困境及推动流变完成的动力。

一、动态化流变

（一）缘起：活动摄影术的出现

公元前5世纪左右，中国古代思想家墨子首先发现了针孔成像原理。“光之人，煦若射。下者之人也高，高者之人也下。足蔽下光，故成景于上；首蔽上光，故成景于下。在远近有端，与于光，故景库内也。”（《墨经·经说下》）戴念祖在《中国物理学史大系：光学史》中认为，《墨经》对小孔成像情形的细致描述引人称叹，更为难得的是指出了“光沿直线传播”这个现代物理常识。遗憾的是，这种领先于世界的发现因过于超前并未被当时的人们接受，很快被埋入历史的尘埃深处。

时间跨过千年，从东方到西方，当1490年达·芬奇在意大利伏案描绘“暗箱”（camera obscura）的结构时，他不会想到这个“暗箱”就是5个世纪之后家喻户晓、人人得以拥有的照相机。达·芬奇的“暗箱”所描绘的场景是在一个幽闭的房间内，利用针孔成像的原理，透过开在墙上的小孔，室外景物的影像可以上下左右颠倒地投射到对面的墙壁上的特殊景象。

16世纪中叶，这种为画家作画提供准确比例关系的“暗箱”得到了升级，针孔成像的方式被光学镜头所代替，进而镜头被加上了光圈，影像更加明亮、清晰；17世纪中叶，反光镜被加入“暗箱”，将影像呈现在毛玻璃上；17世纪末，镜头畸变变得可以校正，不同焦距的镜头也可以选择。但这一切仅被运用于绘画当中。

第一个让“暗箱”走进摄影的是法国物理学家约瑟夫·尼塞福尔·涅普斯（Joseph Nicéphore Nièpce）。在石版画发展需求的驱使下，涅普斯探索了利用“暗箱”将景物转变为影像的方法。他的实验始于1814年，1816年涅普斯得到了第一张负像影像，并将之记录在卤化银感光纸上。1827年，涅普斯通过超过8小时的曝光拍摄了被称为“世界上第一张照片”的《窗外的风景》（见图3-1），但是这种影像并不能长久保存。同一年，涅普斯遇到了志趣相投、被后世誉为“摄影之父”的路易·达盖尔（Louis Daguerre），两人开始合作，直到1833年涅普斯去世。1837年，达盖尔发现盐的定影作用，由此研发出银版照相术。1839年8月19日，法兰西科学院和艺术院公开宣布了银版照相术将以达盖尔为名正式命名，这是照相术诞生的重要标志。静态影像也由此开端。

图3-1 “世界上第一张照片”《窗外的风景》（原版及修复版）

产生于公元前1世纪的汉武帝时代、盛行于宋代的中国皮影戏也曾被电影史学家视为电影发明的先导。它利用灯光照射，把用纸或皮做成的物象投影在一定的空间或布幔上。皮影戏于18世纪60年代通过传教士传入法国，并在巴黎等重要城市以“中国灯影”为名多次进行演出，深受当地人民喜爱。随后皮影戏与法国当地的特色文化相结合，形成了新的“法兰西灯影”。1671年，德国耶稣会的柯夏神父也发明了一种凸镜投影的装置，被称为魔灯（magic lantern），并被意大利传教士闵明我（Claudio Filippo Grimaldi）在1672年带到康熙面前，由此传入中国。在此期间，诸如法拉第轮、诡盘、走马盘、走马灯等，各种展示活动影像的方法先后被发明出来，大多是通过转动圆盘，使绘制于圆盘边缘的图像逐一经过观看片门，得到活动起来的画面。但是，以上发明中的“活动影像”其实都是手绘图案，应称为“活动图像”，并没有使照相术得到的静态影像变成序列影像乃至活动影像。

17世纪，牛顿和达赛爵士发现了一个有趣的现象：快速挥动燃烧的物质会在空气中形成一条光带。他们根据这个现象提出了“视觉暂留原理”：物体在人们的视网膜中成像时，当物体移开后，这个视网膜影像还会延续一定的时间。19世纪，比利时青年约瑟夫·普拉托（Joseph Plateau）对“视觉暂留原理”进行进一步的验证。普拉托对着炽烈的太阳直视了25秒后，迅速进入密闭、黑暗的室内空间，然后惊喜地发现眼底呈现出了太阳的残留影像。通过对这一现象进行反复实验后，普拉托认为视觉残留的时间大致在0.1秒至0.25秒。

活动影像真正的产生来源于一场赌局。1872年的一天，在美国加利福尼亚州，斯坦福和科恩两人为了一件不起眼的小事而争论。斯坦福认为飞奔的马匹在跃起的瞬间是四蹄腾空的，而科恩则不以为然，认为总有一蹄要落地，由此展开了一场赌局。可因马蹄动作太快，驯马师也不能分辨，他便出资要求英国摄影师埃德沃德·迈布里奇（Eadweard J. Muybridge）为此拍摄马匹奔跑的动作。为此，迈布里奇在1872年至1878年间进行了一系列实验，最终把24台照相机依次安装在跑道上，又将每台照相机的快门拴上细线，固定到跑道另一侧。当马跑过时绊到细线便拉动快门，24台照相机就依次拍下照片，并判断总有一蹄要落地的科恩胜出（见图3-2）。1879年，迈布里奇发明了动物实验镜（zoopraxiscope）（见图3-3），并把拍下来的照片序列放在其中观看，人类历史上第一次得到了拍摄而成的活动影像。

受到迈布里奇的启发，法国科学家艾蒂安-朱尔·马雷（Étienne-Jules Marey）在1880年发明了马雷摄影枪（Marey gun camera）。当扣动扳机时，马雷摄影枪便以每秒12格的速度连续对感光玻璃曝光，经过洗印后得到一组环绕轴心的照片，每个画面大概是一张邮票的大小，这就是最早的电影摄影机的雏形。

图3-2　迈布里奇的马匹奔跑拍摄实验

图3-3　动物实验镜

在美国，托马斯·爱迪生（Thomas Edison）于1887年发明了一种每一格尺寸在35毫米左右的胶片，每一格都凿有4个小孔，这一胶片标准一直沿用至今。由于他没能成功将留声机与胶片制成有声电影，这个重大研究成果也就随之搁浅，未能及时问世。直到1893年爱迪生的公司推出“活动照相机”（kinetograph）、1894年推出“活动电影放映机”（kinetoscope）（见图3-4），这两个词分别来源于希腊词根“kineto”（活动）、“graph”（图像）与“scopos”（观看）。这套由爱迪生和他的助手威廉·迪克森设计的摄影、放映系统，是历史上第一个采用35毫米胶片的电影设备。电影放映机上面装有放大镜，里面可容纳15.24米（50英尺）长的影片。放映时，每次只能一个人凑到目镜前观看。当时，爱迪生认为电影院式的集体观看是没有前景的，因此拒绝制造影院放映机。

图3-4　爱迪生发明的“活动照相机”与“活动电影放映机”

1894年底，法国照相器材商路易·卢米埃尔受到了前人的启发，他将每张胶片打两个孔，保证了电影在摄制和放映过程中胶片能够连续传动。作为一种新的胶片传动方式，这对活动电影机的问世功不可没。1895年，卢米埃尔就“连续摄制与播放照相试验用器”首次取得相关专利权。经过半年多的性能完善，卢米埃尔兄弟发明了集摄影、放映、印片于一体的“电影机”（cinematographe），如图3-5所示。1895年12月28日，卢米埃尔兄弟首次在法国巴黎卡布辛路的大咖啡馆用“电影机”进行了人类历史上的首次售票公映，这一天也被称为“电影诞生日”。至此，影像的发展才算真正地由静态变为动态。

图3-5　卢米埃尔兄弟发明的“电影机”

（二）困境：无人问津的光电玩具

1895年12月28日被视为“电影诞生日”已是世界公认的事实，但究竟哪部电影才算第一部电影，一直以来都是人们争论不休的话题。1893年爱迪生公司拍摄的《苏格兰女王玛丽的行刑》被吉尼斯世界纪录认定为最古老的电影。路易斯·雷·普林斯于1888年拍摄的《朗德海花园场景》或是1887年拍摄的《绕过墙角者》(原始资料已丢失)，都比电影诞生日公映的包括《工厂大门》《婴儿午餐》《水浇园丁》《火车进站》在内的12部电影出现得更早。但对于首次公映的观影效果、对影像发展的意义以及为当时社会带来的审美变革而言，卢米埃尔兄弟拍摄的12部电影是其他影像无法代替的。

当大咖啡馆内的活动摄影机开始发出放映胶片时齿轮转动的声响，刚刚还在喧闹的人们瞬间安静了下来。他们看到的是日常生活中熟悉的景象:《工厂大门》中头戴羽帽、腰系围裙的女工们和手推自行车行走的男工们的形象，让人感受到那种生活的质朴;《婴儿午餐》中父母用温柔的目光瞧着一边喝粥一边玩饼干的宝宝，充满着亲切的情调;《水浇园丁》用儿童踩水管戏弄园丁的幽默喜剧引来了现场的阵阵笑声……尤其是《火车进站》中(见图3-6)，当观众看到一列火车向他们迎面驶来的时候，哪怕此刻他们身在电影院内，但是逼真的影像仍然让他们误以为一场交通事故即将发生。胆小的观众此时早已从座位上跳起，飞奔出电影院。作为人类历史上

图3-6 早期电影《火车进站》(1895年)

的首次电影公映，观众已经和影像融为一体，摄影机第一次变成了故事中的一个角色。

电影史上的首次公映，是一次集体观影的审美活动。从“审美心理距离”的角度来看，这是一次产生“差距”现象的典型案例。布洛在“审美心理距离”理论中对“差距”现象这样描述：“如果危险或痛苦太紧迫，它们就不能产生任何愉快，而只是恐怖。”观众的四散而逃也正是由“距离”过近所致。换言之，由于缺乏对这种新生艺术形式的认知，观众对此审美经验不足，因而其“极限距离”下限相对较大，导致该集体中主客体共同产生的“绝对距离”最小值Ad(min)小于“极限距离”下限Dl(min)，那么必然存在“差距”现象的“相对距离”下区间△Rd(min)。这也让审美活动沦为“恐怖”感受的生理刺激，也就是所谓的“距离”太近。即：

$$\text{If } Ad(min) < Dl(min),$$
$$\triangle Rd(min) = \triangle [Ad(min), Dl(min)]$$

苏联作家高尔基在看过一些早期影片后写下了一段文字：“昨夜我身处幻影的王国……（那看了叫人害怕），但只不过是幻影在动，没有别的……突然咔嗒一声，银幕上所有东西都消失，而后一列火车出现，向你疾驶而来，小心！看来它会冲入你身处的黑暗中，把你压得血肉模糊，尸骨不存，然后也把这栋挤满了美人、醇酒、音乐与邪恶的大厅压个粉碎，可是，这也只不过是一列幻影罢了。”[①]从高尔基的评论中不难看出，他对于电影这项刚刚兴起的发明并不认同。但作为一名极具洞察力的文学家，他认为这种“幻影”极具真实感受的视觉冲击也将对现实生活产生巨大影响。

1896年初，由于首次公映的成功，卢米埃尔兄弟雇用了多名摄影师，开始尝试户外拍摄，这吸引了大量观众前往拍摄现场。怀着对自己的身影能出现在大银幕上的美好幻想，越来越多的人走进电影院。卢米埃尔在发

① 林少雄．从电影的发明看其艺术与产业属性：以卢米埃尔兄弟和爱迪生为例［J］．艺术百家，2010，26（5）：61-65.

现这一情况之后，甚至让自己的摄影师佯装站在街头拍摄，实际连机器都未曾打开。仅仅一年半后，人们便已经对这种叫作“活动电影”的事物失去兴趣。卢米埃尔兄弟在影像本身的进步上并非毫无建树：无论是在“倒放”的特技摄影还是在移动摄影方面，他们都做出了新的尝试，也开始能够制作长达30分钟的纪录片。但卢米埃尔兄弟的“活动电影”的变化基本局限在题材的选择上，以及仅1分钟的放映时长让所有的意犹未尽都在多余的操作中戛然而止，再加上直白的表现手法，让电影走向了死胡同，一时间刚刚诞生的活动影像变得无人问津。

这种180度的大反转看似很难理解，但从“审美心理距离”的角度来看，也是情理之中。影像由静态发展为动态，是在技术的推动下产生的、将“动态”纳入视觉元素构成的影像之“形”的改变。这种外在之“形”的改变必然导致审美活动中客体与主体的关系发生重大转变，尤其对“审美心理距离”产生巨大影响。

对于艺术家而言，对于具备“动态”元素的新的影像之“形”，他们并没有控制经验，创作的影像作品必然受到影响，形成了“距离”改变的客体因素；对于观众而言，面对这种新的影像形态，他们也缺乏审美经验，因此形成了“距离”改变的主体因素。两种因素共同导致了“绝对距离”区间的负向扩张，形成了部分影片的观影的“绝对距离”最小值低于观众的“极限距离”下限，即$Ad(min) < Dl(min)$，产生“差距”现象。

如上文所述，那些害怕火车逃出影院的观众，其本质是一种生理恐惧。但值得注意的是，此后电影与观众短暂的“蜜月期”并不是因为“距离”的变化，而是对这种承受不了的生理恐惧逐渐适应，转为带有新鲜、刺激的生理冲动；“蜜月期”的消失也是因为这种生理冲动因不可持续性逐渐转变为生理麻木和生理疲劳。

因此，这是一次因“动态化”而产生的影像发展困境，也是一次因为“绝对距离”过近跌出审美体验的“差距”现象，或者说影像形态“动态化”的流变，此刻仍然没有完成。

（三）完成：蒙太奇艺术的诞生

当卢米埃尔的活动影像从神坛跌落、电影几近无人问津的时候，法国人乔治·梅里爱出现了。

作为“电影诞生日”的首批观众之一，梅里爱在1896年摄制的80部影片无一例外都是模仿卢米埃尔和爱迪生的作品。直到某次放映时胶卷的意外卡带，让一辆行驶在西班牙街头的公共马车突然变成了运灵柩的马车。这让梅里爱突然有了灵感，并根据这次意外发现了停机再拍技术。同时，他还是最初几位在作品中使用多重曝光、低速摄影、淡入淡出以及手工着色的电影制作人之一。这些新的电影表现手法的出现，都让观众感到惊奇，梅里爱也因此被誉为“影院魔术师”。其实，梅里爱的所谓“魔术”就是电影语言的雏形。

通过梅里爱的“魔术”，摄影机仿佛可以操控并改造现实，这使得电影和现实之间在审美活动中的“距离”被拉远了，改善了卢米埃尔兄弟影片的复制现实而导致观众审美“距离”过近的问题。观众开始能够跳脱出单纯的视觉刺激，欣赏电影的魅力。

梅里爱的“魔术”在电影发展史上意义非凡，使初期电影转型进入电影艺术雏形期，“动态化”的流变进程也向前推进。

梅里爱最著名的两部电影为《月球旅行记》和《奇幻航程》。两个故事里的旅途都光怪陆离、超越现实。梅里爱同时也是早期恐怖片的先驱，这一点可以追溯到他在1896年摄制的作品《魔鬼庄园》。1902年，梅里爱的《月球旅行记》（见图3-7）达到了艺术的顶峰，在商业上也获得了巨大的成功。他用一己之力挽救了电影的生命，而其中的奥秘就是他早期电影中的“魔术”暗合了“审美心理距离”理论中对于“距离”的控制规律。

但是彼时的电影还尚未真正学会影像叙事的方法，“模仿的风尚加深了

图3-7　梅里爱导演的电影《月球旅行记》(1902年)

观众对影片的厌倦”。因此，各国电影艺术家都在题材、技法、表现形式上做出了努力：英国的布莱顿学派对摄影技巧的研究为打破摄影机固定视点奠定了美学基础；法国的艺术电影运动使电影叙事与传统戏剧观念结合得更为紧密；美国导演埃德温·鲍特完善了剪辑的手法，将电影同其他戏剧形式区别开来。从法国的艺术电影和印象派，到北欧电影“荡妇和接吻”偏好的出现，到意大利的浮华之风，再到德国的表现主义，各个电影流派都有属于自己的一套理论和拍摄技法。但如同梅里爱一样，不成系统的技巧和理论并不能将电影完全带入艺术的大门。由于尚未形成系统性的电影艺术手法及理论和经验的缺失，艺术作品的“绝对距离”区间飘忽不定。虽然也有过“百代时期”的辉煌阶段，让电影变为一个庞大的工业，但也因题材缺陷涌现出“电影消亡”的论断。直到被誉为“现代电影之父”的大卫·格里菲斯的出现，才改变了这一状况。

1908年，格里菲斯导演了他的第一部电影《陶丽历险记》。此后的4年间，格里菲斯创作了400部影片，他吸取了各个电影流派的艺术风格和多个导演的艺术创作手段，并将其融会贯通，组成了一个新的系统。1911年，格里菲斯在创作《隆台尔的报务员》的过程中，首次采用了平行剪辑的方式控制影片的节奏。通过早期的电影实践，格里菲斯发现电影不是也不应该是单纯的一组组图像和故事的串联，电影构成中最基本的单位应该是镜头。格里菲斯认为，每一场戏都应由一组连贯的镜头构成，由一帧帧的场景串联着一系列相关的情节构成故事电影，并由此开创了电影的“经典叙事系统”及全景、中近景、特写、全景的“经典剪辑”方式。以“镜头”作为单位的电影构成理念也成为沿用至今的影像艺术法则。

1915年，格里菲斯利用剪辑手法和逐渐完善的叙事技巧拍出了世界电影史上最重要的里程碑式电影——《一个国家的诞生》(见图3-8)，影片的出世如闪电般横扫美国，引起轰动。电影不再被认为是粗劣、肤浅、只适合文盲和儿童的娱乐，而是真正成为一种艺术。

图3-8 格里菲斯导演的《一个国家的诞生》(1915年)

格里菲斯将电影带入艺术的大门，教会了电影导演如何创造电影艺术的语言，即教会了影像艺术家控制“距离”的方式。当观众不再斥责艺术的粗鄙和莫名其妙，观影活动也就产生了合适的“审美心理距离”，电影也随之迎来了艺术发展的黄金期。

与《一个国家的诞生》中的“平行蒙太奇”手法相对应的是格里菲斯的另外一部代表作品《党同伐异》，其中运用了“交叉蒙太奇”手法，这是蒙太奇系统化之前最具代表性的作品。受到格里菲斯的影响，世界电影艺术界和理论界蓬勃发展，也正是在格里菲斯的启发下，库里肖夫用实验的方式证明了蒙太奇的创造性作用。1923年，初出茅庐的爱森斯坦在先锋派杂志《列夫》上发表了题为《杂耍蒙太奇》的文章，宣布了一个新的蒙太奇方式，并运用在了他在1925年导演的《战舰波将金号》中，创造了著名的“敖德萨阶梯”。1938年，爱森斯坦撰写了《蒙太奇1938》，系统地对蒙太奇原理进行了分析，电影艺术在理论上也有了支撑。

从乔治·梅里爱开始的电影语言探索，至格里菲斯的电影语言的基本形成，再到以爱森斯坦为代表的电影语言的理论梳理，电影完成了从剪辑意识到镜头意识再到“蒙太奇”意识、从巧合到实践再到理论的进化，成为一种独立的艺术形式，也因此形成了一套行之有效的“审美心理距离”控制手段。随着观众对新的影像形态观影经验的提升，影像审美活动的主客体又重新回到了和谐匹配的关系中。“绝对距离”最小值Ad（min）被增大，并超过了“极限距离”下限Dl（min），“差距”现象也由此消失，即：

$$\text{If } Ad(min) > Dl(min),$$

$$\triangle Rd(min)=0$$

由此产生的一批经典电影作品，共同构建了电影早期的黄金时代。

乔治·梅里爱、格里菲斯、爱森斯坦等电影艺术家不断尝试，根据影像形态中“形”的变化，做出了与之对应的“态”的改变，也完成了影像形态的“动态化”流变。

随着好莱坞世界霸权的建立，格里菲斯在其繁荣之后终被抛弃。电影的中心由控制艺术的导演被象征制片公司的电影明星取代，电影的艺术性被功利的商业性取代，它的大部分生产陷入了毫无意义的对豪华场面的追求。纵使出现了麦克·塞纳特的喜剧学派和卓别林这样的喜剧天才，默片艺术的黄金时代也一去不复返了，“审美心理距离”的平衡再次被打破，一个新的阶段也由此到来。

二、有声化流变

（一）缘起：感光录音的出现

1927年10月6日，一部由艾伦·克罗斯兰导演，具有声响、对白和歌唱的电影第一次上映，名为《爵士歌王》（见图3-9）。它的出现标志着有声电影的诞生。1941年，无声默片的产量仅剩5部，名存实亡。十几年间，影像形态完成了从无声到有声的流变，进入了一个新的时代。

有声影像并不是一种新鲜事物。1877年，当电影还未真正发明时，托尼斯·戈尔普里利用爱迪生的留声机，和戈尔涅尔的活动视盘结合起来，使记录在留声机上的声音符合活动视盘映现出的影像。1889年，爱迪生在实验室将他发明的电影放映机和留声机同步起来。经过实验，1889年10月6日出现了世界上第一部有声影片，这台由爱迪生发明的设备被称为“电影风”（kinetophone）。1900年，莱昂·高蒙（Léon Gaumont）首次用转弯轴把放映机和爱迪生的留声机结合在一起，这部机器于1902年诞生，并从1910年起以“时序风”（fusil photographique）和“艾塞风”（chronophotographe）的名称在电影院使用。

图3-9　第一部有声电影《爵士歌王》(1927年)

此时电影还是停留在无声艺术的阶段，影像形态的有声化流变仍然困难重重。第一，电影艺术家为了使聚集在剧院中的数千名观众能够听清台词，尽可能地提高音量，不得不对空气进行压缩，但用这种办法发出的声音虽然音量提高了，却因此带有浓重的鼻音，严重影响了观影体验。第二，同步方法仍然不够完善，尤其是碰到胶片中断、放映终止的场合。这种同步极大地制约了演员的表演，他们必须设法将自己唇部的动作同留声机唱片"重现"的声音配合起来。第三，用普通留声片还音只能延续5分钟左右，后延长到15分钟，远远小于一部正规长度故事片的放映时间，换留声片的手续使同步化问题更难以解决。因此，虽然各国在改善有声电影的留声片发音设备上做了很多努力，但是由于同步困难的问题，影像形态的有声化进程在1930年走到了死胡同。

1900年，俄国科学家波略柯夫首先提出"感光录音"的概念，通过激励灯泡及光电池的感光方法使录音的正片还原，并获得发明专利，次年，

“感光录音”被路梅尔运用在了电影胶片上。经过不断的探索和技术改进，随着20世纪20年代通信技术领域“三级真空管”和“扩音器”的相继发明，有声电影才有了得以存在的技术基础。困扰已久的声音同步及放大问题通过“扩音器”的电气录音和“三级真空管”的音响放大办法而得以解决。在胶片上录音、还音的系统，要求胶片呈连续运动，而不是像拍摄画面的摄影机所要求的那种间歇运动。如果胶片通过一条很窄的光缝，从话筒输出的电讯号能够迅速转换为不同强弱的光束，则在整条胶片的边缘位置都能录下一条有明暗变化的照相影像，这就是声音的录制。还音时，胶片同样均匀地通过一条有灯光照射的光缝，胶片上的明暗变化引起光缝的光强变化，投射到“三级真空管”上，就会产生强弱不同的电讯号，然后经过“扩音器”转变为声音。

在胶片上录音、还音的技术变革影响了电影行业的各个方面，包括电影制片厂的摄制工艺、电影院的放映设备，甚至影响了胶片的底片规格。为了减少影响，在继续沿用35毫米胶片规格的同时，留出了录音用的位置。1932年，美国电影艺术与科学学院投票决议，采用22毫米 × 16毫米的画幅尺寸作为有声影片的标准画幅，接近4 : 3的1.37画面宽高比也被视为学院画面比，并沿用至今。同时，为了满足胶片记录声音的频率范围，将胶片移动的速度提高了50%，让胶片可记录音频达到9000赫兹，这样让电影的画格频率从原先的每秒16格提高到如今大众熟知的每秒24格，这一标准至今仍然被大部分电影和院线所采用。

20世纪30年代之后，新的有声电影录音原理的发明日渐减少，世界各国都把注意力转向各个型号的有声电影设备的制造上。

（二）困境：单一的声画关系

在最初的探索阶段，有声电影的出现如同活动电影的诞生一样，是令人惊喜的。从莱曼·豪尔第一次利用留声机来播放符合画面中动作的音效，观众第一次在电影中恢复了现实世界中的听觉。无论是留声机还音，还是银幕后配音，当发生冲突时开枪的一声枪响，足以让观众在影院的座位上躲闪起来。影像之“形”中听觉元素的出现，也让电影与观众的“审美心理距离”出现了被拉近的可能。

但是这种被拉近的可能并没能很好地实现。由于缺少有效的声音与画面同步的办法，以及因为压缩空气扩大声音带来的音质问题，声音元素并不能很好地融入影像之“形”中，“距离”也无法被有效拉近。到1914年，有声电影几乎被放弃了，而此时也正是无声电影的黄金时代。

20世纪20年代，由于“扩音器”和“三级真空管”的发明，具备专利权的“西方电气公司”与华纳兄弟合作，利用“扩音器”代替管弦乐队，于1926年冒险制作了歌剧片《唐璜》并大获成功，在美国上映后票房收入达到350万美元。另一部影片《音痴》则再接再厉，票房达到500万美元，一举打破当时的电影票房纪录。一时间，这种唱词和歌手嘴唇动作完全一致的音乐片受到追捧，观众对这种从未有过的声音画面能够实现同步的现象感到欣喜。

从这两个阶段观众感受的改变来看，声音元素的加入让电影真实感再现的能力大大增强，也跨越式地缩短了观众的“审美距离”，这是毋庸置疑的。并且由于观众审美经验的不足，出现短暂的惊喜，但本质上是功利心占据主导的生理刺激作用。而技术的不成熟以及艺术性的缺乏很快让这种刺激消失。1914年有声电影的落寞也从侧面证明了这一点，随后的再次兴起也仅仅是技术完善带来的“审美距离”继续迫近形成的二次刺激，这种一直处于“极限距离”之下的状态并不能证明有声电影艺术的成熟。

因此，当1927年10月6日《爵士歌王》的第一句台词播出时，观众才真正意识到“有声电影”这种新的影像形态的到来。但如卓别林、金·维多、茂瑙、普多夫金、爱森斯坦等无声影像时代的艺术大师对有声电影的出现一致呈反对态度[1]。卓别林在他的《反“对白片”宣言》中强调：“我坚信，人们的趣味在未来总会再次回到无对话作品，因为人们总是需要一种世界通用的有效媒介。”普多夫金和爱森斯坦已经意识到无声艺术的发展似乎到了穷途末路的地步，但还是一起发表了一篇反对对白片的宣言。声音的融入确实能使电影摆脱无尽的字幕并能跳脱出有限的艺术形式，可他们断定：“这种做法仅仅将一个个拍摄好的场景与台词捏合到一起，无疑是对戏剧的仿照，这将引领导演艺术走向灭亡，因为台词的出现必然会与由一幕幕场景贯穿而成的整个剧情产生反作用。”这段话否定了当时有声电影的艺术性，批判了声画同步的戏剧模式，却也最早指明了“声画对位”的思想，只是略显偏激和片面。

1933年，鲁道夫·爱因汉姆撰写了《电影作为艺术》，对有声电影进行了抨击，并将它比喻为“杂种”。1957年，对《电影作为艺术》一书重新修订时爱因汉姆仍旧保留了1938年撰写的《新拉奥孔：艺术的组成部分和有声电影》一文，其中写道：“相比于现存的较为纯粹的艺术方式，有声电影似乎显得尤为低劣，而人类居然将这种有声电影作为一个基准进行批量生产，实在是件令人费解的怪事。”[2]

纵然需要面对企业家的抗议、艺术家的批判以及存在小部分观众不适应的状况，但由于大部分观众的热衷与痴迷，有声片在当时确实具有其不可替代性的商业价值，这种商业价值本质上来源于观众对于真实世界中图像与声音和谐重现的强烈愿望。也正是这种愿望将影像与观众之间的“审美心理距离”急速拉近，也就是“极限距离”瞬间变小。

从1927年《爵士歌王》成为有声电影诞生的标志算起。根据IMDb（Internet Movie Database，互联网电影资料库，简称IMDb）收集的世界电影统计，1927年，电影总数是2452部，其中默片2382部；1930年，默片减

① 郑宜庸. 科技和艺术：谁决定电影？［J］. 福建艺术，1999（1）：21.
② 爱因汉姆. 电影作为艺术［M］. 邵牧君，译. 北京：中国电影出版社，2003.

少为515部；到1936年，默片产量只剩下15部；1941年仅存5部。短短几年时间，默片被彻底淘汰出局。

（三）完成："声音蒙太奇"的成熟

在有声电影发展的初期，所谓"纯粹的有声片"中很大一部分来源于舞台剧形式的翻拍，正因如此，好莱坞最初的许多影片都是由百老汇的导演摄制的。这种形式一度饱受争议：一方面，观众对于影片中的对话和演员兴趣很大，但另一方面，以艺术性为尊的电影艺术家对于这种"非电影"的戏剧感十分反感，"有声片"的出现仿佛让刚刚脱离戏剧模仿的电影又倒退了回去。同时，由于技术上的限制，要求录音机和摄影机必须连接在一起，录音机又必须安装在有隔音设备的小房间里，这让摄影机无法和在默片时代一样随意运动，摄影技术也因此发生了倒退。为解决这一问题，在有限的技术条件下，雷内·克莱尔（Rene Claire）将《巴黎一妇人》中某些段落的摄影机和录音机拆分开，用"省略法"以画面之外的声音来表示内容，形成了最早"声画对位"的尝试。

有声电影《爵士歌王》所处的时代，声音是被记录在唱片上的。"声带"的出现让画面和声音能印在同一卷胶片上，解决技术难题的同时却带来了拍摄的不便利。为了方便拍摄，美国导演鲁本·马莫利安（Rouben Mamoulian）在1929年摄制的影片《喝彩》第一次将音乐和画面分别印在不同的胶片上，声音分为配乐、台词和音响效果三种并分开录制，再把三条录音带通过剪辑和叠印的办法合并印在影片的声带上。音画的分开录制，使摄影机不再被束缚，又恢复了默片时代的自由与灵活。《喝彩》中的声音与同时代的影片相比，密集度非常高，配乐、台词和音响效果三者的叠加，带来了前所未有的多层次听感，更加接近日常生活中的听觉感受，声音第一次"真实"地出现在电影当中。这种声音密度方面的表现，强化了观众对于影片中空间世界的感受。在拥有能将声音进行后期混录的技术后，通过运用如近大远小、音色差异等声音的自然属性，可以使电影中声音的有层次的透视关系得到更好的展现，这样算是“审美心理距离”的又一次迫近。

这种“审美心理距离”的迫近，更好地满足了观众重现现实世界的需求。“商业为王”的好莱坞看到了机遇，这个时期好莱坞几乎翻拍了百老汇所有“叫座的戏剧”，其中不乏一些优秀作品。成功的原因更多地归功于原作的魅力、演员的演技、制片人的才能以及偶然的时运，但也促成了好莱坞工业体系的初步形成，甚至让它侥幸地暂时逃过金融危机。

声音技术上的不断进步，让听觉元素更好地作为重要构成要素在影像之“形”中发挥作用，但此刻的有声电影并不是作为独立的艺术而存在，而是沦为取悦观众的可听可看的玩物。有声电影变为资本市场的宠儿，其本质也是对观众一种生理需求的满足。

真正将影像创作的指挥棒重新交回艺术创作者手中的，是将声音纳入蒙太奇系统的艺术理念。这种艺术理念可从苏联蒙太奇学派的做法中窥得一二：他们拒绝音画同步技术，把声音完全视为一个蒙太奇元素独立运用于影片中；他们痴迷于音画对位式的运用，认为只有这样，声音才可以使蒙太奇发展和完善。这一艺术理念的代表影片是普多夫金的《逃兵》。普多夫金以音画对位的方式处理画面和声带，但影片中这二者似乎没什么相关性。这样的手法使电影情节显得如一团乱麻，这也是《逃兵》失败的一大原因。

在影像形态“有声化”流变的初期，由于声音技术的不断完善，新的影像之“形”已经形成，并将观众的“绝对距离”不断地缩小，由此产生了“差距”现象。影像创作者一方面指责资本市场不仅无视这种现象反而变本加厉地主动迎合；另一方面也在努力尝试通过新的艺术手段将“绝对距离”拉回到正常范围的“极限距离”区间之内，但因为不得其法而矫枉过正，甚至出现了因“绝对距离”最大值Ad(max)超过“极限距离”上限Dl(max)形成的“相对距离”上区间△Rd(max)的现象，因而产生了“超距”现象，即创作的影像空洞、乏味，即：

$$\text{If } Ad(max) > Dl(max),$$

$$\triangle Rd(max) = \triangle [Dl(max), Ad(max)]$$

但是，这种较为极端的尝试作为“有声化”流变过程中的探索，不管是对听觉元素功能的挖掘还是对作为艺术构成的声音的处理方式都有着非凡的意义。

将听觉元素合理利用、充分挖掘声音魅力，并将其成熟运用在蒙太奇手法中的典型案例是美国导演奥逊·威尔斯在1940年拍摄的纪传体影片《公民凯恩》(见图3-10)。

图3-10　奥逊·威尔斯导演的《公民凯恩》(1940年)

经过有声电影十几年的发展，《公民凯恩》在声音的处理上经得起仔细品味。作为当时写实主义风格的代表，《公民凯恩》除了用著名的景深镜头表现空间透视关系外，声音上也遵循“近大远小”的特点。影片的声音处理展现出生活中的透视感，观众不仅能听到近景中人物的对白，而且在大景别时仍能听到对白，但根据空间位置有了强弱区别，极大地增强了真实感，也拉近了“审美心理距离”。混音上，奥逊·威尔斯在真实感的基础上，利用不同的声音配比来隐喻人物之间的关系，并利用蒙太奇的手段将声音用于转场和时间过渡上：随着欢快的圣诞节音乐，影片完成了凯恩从童年到成年的时空跳跃。这种跳脱实际时空构建的“想象时空”，也一下将故事从对现实世界的完全写照中抽离，“审美心理距离”也由此被拉远。同时作用的两种“力”将“审美心理距离”有效地平衡，将“绝对距离”控制在了“极限距离”的区间内，观众也因此获得了良好的审美体验，即：

$$\text{If } \triangle Ad < \triangle Dl,$$

$$\triangle Rd = 0$$

以《公民凯恩》为代表，“声音蒙太奇”艺术手段的成熟也构建了与包含听觉元素的影像技术之“形”相匹配的影像艺术之“态”，标志着影像形态“有声化”流变的完成。

从1927年第一部有声电影《爵士歌王》的诞生，到1941年无声电影的名存实亡，退出舞台，14年的时间，影像形态完成了从无声到有声的有声化流变，完成了从视觉媒体到视听媒体的重大转折，这比其他任何新技术的应用都更快、更彻底。声音再现功能的加入使电影在真实感再现方面向前跨进了一大步。有声化的出现不仅改变了影像语言，也将电影艺术由视觉艺术拓展为视听艺术。

有声化流变的完成并不意味着影像形态进化的完结。如今，声音技术的发展由单声道、立体声、环绕声到全景声，存储介质由胶片、磁带到如今的数字存储，艺术手段的探索从未停下脚步。

三、彩色化流变

（一）缘起：不断完善的彩色化工艺

继有声电影之后，电影形态发展历史上的另一重大成就，就是彩色电影的研制成功。彩色电影不像有声电影那样很快被人们所接受，而是经历了一段较长的时期。人们对彩色电影的追求似乎是从黑白默片诞生时就开始了，到20世纪60年代，影像彩色化的工艺数量已达几百种，尽管有些工艺本质上大同小异、有些工艺因为种种问题未能在电影领域得到推广，但它们都为影像彩色化发展做出了贡献。

彩色电影的发展起源要追溯到黑白电影诞生之初。1895年，爱迪生在《安娜贝拉的舞蹈》中使用手工着色，色彩第一次出现在了电影当中。所谓手工着色，是指由一组女孩各自手持画笔，每人负责一种颜色，逐幅上色、流水作业。这种手工着色的办法非常烦琐，完全不可复制，因此这种办法只适用于一些少量发行的影片或应用在黑白电影里的部分场景中。

这种依赖人工的上色方式并不能满足电影产业的发展进程，略显笨拙的着色技术在影片长度和电影拷贝发行量呈倍数级上升的态势下显得落后且不切实际，庞大的市场需求促使人们不得不在提升生产效率上寻找新的办法。百代·费瑞里斯成功地设计了一种机械着色的刷色法，并取名“百代色”系统。这种方法需要将一条拷贝上的每幅画面中相应于某种颜色的部分，沿其轮廓用针刻画，将之镂空，制成镂花模片，然后将一卷浸有染料的带子与一条镂花模片及一条已冲好的发行拷贝叠在一起紧紧缠绕，使拷贝片染上颜色。根据需要可以制作和使用多达6种颜色的模片，从而可以制作出颜色丰富的发行拷贝。这种方法的使用一直延续到20世纪30年代初期。[①]

在此基础上，费瑞里斯进一步将工艺简化，提出将整部影片或者部分场景做着色处理。其中包括两种做法：其一是染色法，即将影片用染料加以漂洗，对胶片进行着色，用这样的办法使银幕上放映的影像整体均匀地呈现出单一的颜色；其二是调色法，即将胶片浸泡在调色液中，这样胶片中有颜色的部分就可以部分或全部转化为有色影像，而高光及无影像的部分则不会被上色。

染色法的成功促使胶片制造厂供应带有各种有色片基的黑白正片，并广泛运用。在20世纪20年代初期美国上映的电影当中，八成以上都采用了有色正片。但是，随着光学声带的发明，有色片基就很快消失在历史潮流中了。有色片基中的染料会破坏声音波段，不仅使光电管的响应变得迟钝，更令人头疼的是充斥着杂音的被降低的声音质量。因此，柯达公司为了同时达到保留片基的颜色和令人满意的还音效果的标准，率先推出一系列供有声与无声片通用的“索诺克罗姆”（SoloChrome）有色片基黑白正片。

色彩的出现令人瞩目，但无论是染色法还是调色法，都无法准确还原自然界中景物的真实颜色。我们现在电影中的影像色彩，是在苏格兰著名物理学家詹姆斯·麦克斯韦1855年提出的彩色理论的基础上发展起来的。麦克斯韦认为，只要将红、绿、蓝这三种原色按照适当的比例进行调配，便可以调配出肉眼可看到的任何颜色。在麦克斯韦的理论指导下，在彩色电影的发展中，相继出现了多个类型的加色法：1906年，利用红橙色和蓝绿色滤镜交替旋转的基尼玛彩色的二色加色法出现；1908年，将片基压制出微柱形表面，并使用特殊滤光片形成分色影像的柱镜法出现；1910年，使用红、绿、蓝三原色镶嵌而成的彩屏形成分色影像的杜菲色彩法出现；

① 李铭．彩色电影发展简史［J］．影视技术，1995（6）：15-18.

1918年，通过同时记录加载红色滤光片和绿色滤光片形成分色影像并在投影时混合的吉尔莫彩色法出现。但由于彩色滤光片会吸收大量的光，加色法彩色电影对放映设备的要求极为苛刻，因此加色法在彩色电影的商业化发展中并不顺利。

与加色法相反，由于没有太多苛刻的条件及相对较低的成本，减色法在商业上的应用是比较成功的。与加色法不同，减色法运用的是反射原理，即物体颜色中的部分会被白光的可见光谱吸收，再对其余的部分进行反射或透射，而我们眼中看到的颜色也正是这些反射或透射的颜色。[①]诞生于1915年的特艺色公司（Technicolor）最早采用的也是一种二色加色法，需要特殊的放映设备来使分色影像重合，而后又经历了胶片背贴、染印法等尝试。直到1933年，能够正确还原各种色调的电影摄制系统被特艺色公司研制成功，并开始作为正式商品供应。在这套系统内，三条黑白胶片用一个镜头同时进行曝光，景物则被分别摄制成蓝、红、绿三条分离影像，并用印染法叠印在一条空白片上生成放映拷贝。从严格意义上来说，1935年，利用此印染技术的艺术故事片《浮华世界》的出现真正标志着彩色电影的诞生（见图3-11）。由此开始，色彩真正作为一种电影元素、手段与风格参与到了电影世界中。1952年，柯达公司经过不懈努力，推出了伊斯曼单底多层彩色负片。特艺色公司又改用伊斯曼单底多层彩色负片拍摄，即在片基上重叠地涂上三层感光乳剂来记录红、绿、蓝三色，并通过制作三条浮雕片叠印到拷贝上。该工艺虽然复杂，但是因其品质和成本的不可替代性，长期占据主流地位，以至于多年来Technicolor（特艺色）这一商标一直作为彩色电影的同义词。随后，根据胶片乳剂层成分的不同，柯达公司又研制出了外偶法和内偶法的多层彩色片，并不断完善，彩色电影技术也不断向前发展。

---

① 李铭.彩色电影发展简史［J］.影视技术，1995（6）：15-18.

图3-11 第一部彩色电影《浮华世界》(1935年)

(二)困境:叫座不叫好的彩色片

早在1920年代,好莱坞就已经有80%—90%的默片被着色。[①]但是,一直到1930年代末,彩色电影的发展都相当缓慢。根据IMDb电影资料统计,1939年彩色电影占电影总片数不到1/10;1940年代到1950年代,彩色片的数量在慢慢增加。1949年彩色片数量占影片总数的1/6;1959年,彩色片占影片总数的1/4;1967年,彩色影片首次超过黑白影片的产量;1972年,黑白影片产量减少到300多部;1977年,黑白影片的产量降至不足200部,至此彩色影片基本取代了黑白影片。50多年的时间并不算长,但是在只有100余年的电影艺术历史里已接近一半,甚至在很长一段时间里,电影都被分为黑白片和彩色片。哪怕在2011年,仍有带有致敬性质的黑白片——奥斯卡最佳电影《艺术家》的出现。因此,时至今日,都有学者认为影像由

① 麦特白.好莱坞电影:1891年以来的美国电影工业发展史[M].吴菁,何建平,刘辉,译.北京:华夏出版社,2005.

黑白到彩色的过渡存在争议。

叫好不叫座、叫座不叫好的现象在强调商业属性与工业体系的电影行业中尤为明显。从“审美心理距离”的角度，真实、生动、更好地展现世界原貌的彩色影像相较于黑白影像更接近我们的日常体验。因此视觉感受更强的彩色电影的“绝对距离”较黑白电影无疑更近。正是这样，在彩色电影的早期阶段，出现了很多故事情节和导演手法平平、只因为采用了大屏幕和彩色技术就取得高票房的电影。在这类电影中，“绝对距离”最小值Ad（min）小于“极限距离”下限Dl（min），出现了“差距”现象，仅剩下由强烈功利性质的视觉冲击形成的生理快感，这也正是很多坚持黑白电影的电影艺术家所不屑的，他们依然希望在已熟练掌握“距离”控制手段的黑白电影领域继续创作。

如今回看，“黑白”“彩色”之争的结果已经非常明了。从1940年代中晚期开始，电视在家庭单位中的普及率不断上升；1960年起，彩色电视逐渐开始进入家庭。此时，电影公司不得不放弃黑白影像，加快向彩色影像转型的步伐。这一历史时期影像发展进程指出了三个事实。

第一，电影作为一个兼具商业属性和工业属性的艺术形式，不可能在完全脱离功利的情况下存在。

第二，在彩色化的流变中，技术作用下影像之“形”的发展将“审美心理距离”不断拉近，对于流变过程而言，“形”决定了彩色化流变的开始，是第一性的；影像创作者所探索的影像之“态”对“审美心理距离”有控制作用，对流变过程而言，“态”并非决定彩色化流变完成的唯一要素，是第二性的。

第三，社会环境及文化也是影像形态彩色化流变完成的要素。

但这些事实究竟是彩色化流变的个性因素，还是影像形态整体流变的共性因素，需要进一步研究。

（三）完成：让色彩参与叙事

在彩色电影诞生之初，从选题到摄影都要受到特艺色公司的“指导”。一方面，这种彼时处于“极限距离”之下的色彩是一部影片的最大亮点；另一方面，特艺色公司的“指导”也是为了以最优异的影像展现特艺色色彩。摄影师杰克·卡迪夫曾在这一时期对电影色彩摄影技术的发展做出突出贡献。他在1947年拍摄《黑水仙》时使用自制的“雾景”，被特艺色公司认为是反常规、不合格的。在这样的“指导”下，这个阶段彩色影片都表现出一种非常艳丽的色彩，这种色彩来自布景和演员的服饰，即电影美术。拍摄于1939年的《绿野仙踪》属于最早一批的彩色音乐片，其中关于女孩梦境的彩色部分完全是靠布景和演员的服饰拼凑出来的，整个梦境就像一台舞台演出。复杂的布景、均匀的布光，在这样的情况下，摄影师的作用基本丧失。

这样的情况直到20世纪中叶仍然没有太大改善，黑白影片时期就已经学会用光影叙事的导演和摄影师，面对彩色片却束手无策。刻意强调的夸张色彩导致影像语言的残缺，影像的艺术性大打折扣。可以说，面对将色彩元素纳入构成部分的新的影像之“形”，电影艺术家一直没有找到与之相匹配的有效艺术手段构成影像之“态”，丰富的色彩构成的视觉刺激，让观众与电影之间的“绝对距离”被迅速拉近，并处于“极限距离”下限之下，“差距”现象在这个阶段的彩色片也一直存在。

1960年开始，一些导演和摄影师仍在拍摄黑白影片，他们坚持认为不需要展示色彩的影片就应该用黑白胶片来拍摄，何况彩色片的价格比黑白片贵得多。另一批人则开始致力于淡化影片的色彩。他们认为，过度的色彩分散了观众对故事的注意力，画面中视觉元素太多造成影像信息冗余，这种美学上的思考结果也让彩色画面更接近自然。1969年，在《安娜的情欲》中，摄影师斯文·尼奎斯特与导演英格玛·伯格曼选择纯色实景、演员淡妆并通过洗印时进一步去掉颜色尝试简化色彩。1981年，摄影师维多利奥·斯托拉罗在《赤色分子》中首次使用ENR工艺（该工艺由Technicolor开发，以发明者Ernesto Novelli-Raimond的名字命名），降低色彩饱和度的同时，提高影像反差，但也增加了胶片颗粒感。1995年，达吕斯·康第在《七宗罪》中将前期拍摄的前闪技术与洗印过程中的跳漂白工艺结合，制作出色彩淡化、高反差且细节丰富的影像。

随着彩色片创作观念的日趋成熟，同样的宏大场面、宫廷题材也不再使用高饱和度色彩设计。1994年，由菲利浦·鲁斯洛摄影的《玛戈皇后》虽然人物服饰仍丰富华丽，但已不再像早期彩色片那样对比强烈，而是在同一基调下微妙变化，更加带有西方古典油画的色彩感。通过布景和照明的配合，曾经的黑白片营造出的画面效果，彩色片也已经可以做到，并且在丰富细微的色彩变化方面，比黑白影像更加生动，是一种更有客观环境依据、更加自然的画面处理方式。这也让彩色影像中关于色彩的作用不单只是纯粹的视觉刺激，艺术的处理也让功利性逐渐淡化，“差距”现象的消失也证明了“绝对距离”慢慢回到了“极限距离”区间之中。

对颜色实施“减法”不等于电影艺术家放弃色彩造型的手段，相反，这正是关于色彩参与的艺术语法的开始。在对颜色实施“减法”的同时，电影艺术家也开始了强调色调把握与光影造型的追求。《用光写作》是意大利摄影师维多利奥·斯托拉罗的著作，同时也是他信奉一生的摄影理念。通过光线的变化来营造影片的气氛，比单纯通过布景颜色制造某种色调要更加生动。1970年代开始，关于影像色彩的探索兵分两路，一路旨在控制影片的总体色调，如《教父》《天堂的日子》等；另一路则探索混合色光的可能性，如《随波逐流的人》《叹息》等。一方面，经过数十年的探索，彩色影像不仅找回了黑白影像时代的精华，而且真正学会了用色彩叙事，并且去掉了黑白影像中非真实的造型方式，终于形成了能与包含色彩元素的影像技术之“形”相匹配的影像艺术之“态”，配合不断完善的声音处理与剪辑手法，让电影艺术家对于观众“审美心理距离”的控制手段进一步加强。另一方面，已经逐渐习惯五光十色的彩色电影世界的观众也开始逐渐恢复冷静，随着观众审美经验的积累，他们的“极限距离”下限也在下降。由于色彩参与叙事的艺术手段的出现，“绝对距离”区间正向移动，“极限距离”区间也在增大，因此“绝对距离”区间逐渐回到了“极限距离”区间内，一度失衡的“审美心理距离”重新回到了正轨，影像形态的彩色化流变也趋于完成。

四、宽幕化流变

（一）缘起：电视威胁下的画幅比例变革

在谈及影像技术革命的时候，关于电影银幕比例的变革往往被忽略。一方面，相较于从静态到动态、无声到有声、黑白到彩色，银幕比例的向外延伸变化程度没有上述几种来得颠覆与彻底；另一方面，从1950年代开始兴起的宽银幕很大程度上来自电视的兴起与威胁，具有一定的被动性。如今，除了一些特殊意义的影片外，宽银幕已变为基本的标准配置。超宽银幕电影逐渐增多，电视也在进入高清时代之后变为宽屏，从结果来看，这次影像宽幕化的流变完成了。

银幕宽高比概念的首次提出要归功于托马斯·爱迪生的助手威廉·迪克森。1889年，在研发活动照相机与活动放映机时，迪克森综合考虑了视觉感受、经济成本并参考绘画的画幅比例，将电影画幅尺寸初定为$1 \times \frac{3}{4}$英寸，比例初定为1.33 : 1。当时，尚且没有这种尺寸规格的胶片，迪克森便采购柯达$2\frac{3}{4}$英寸的商品胶片一分为二切成$1\frac{3}{8}$英寸胶片使用。1893年，在迪克森将$1\frac{3}{8}$英寸胶片安装在活动放映机中并成功放映了一部电影后，这种尺寸的胶片迅速被其他电影生产者效仿。1896 年，卢米埃尔兄弟把柯达的英寸制尺寸转换成米制，按35毫米规格开始生产相机和电影胶片，并进行电影创作。35毫米的电影胶片规格也由此沿用至今。

随着有声电影的出现，光学声带占据了一部分胶片位置。为了不影响早已规模化的胶片生产和放映设备，在继续沿用35毫米胶片的基础上，画面宽度和画面面积也有所缩小。经过几次修改，1932年，电影艺术与科学学院（The Academy of Motion Picture Arts and Sciences，简称AMPAS）投票决议，将采用22毫米×16毫米的画幅尺寸作为有声影片的标准画幅，这种接近4∶3的1.37画幅宽高比也被称为“学院画面比”，成为下一代好莱坞电影人的电影画幅比例标准。

20世纪40年代中叶以后，美国电影工业出现变化，一批早期杰出的电影人相继去世，而此时，城市居民开始迁居郊区，进电影院的人越来越少，同样画幅宽高比的电视走进了一般百姓的客厅，电影发展进入了低谷。以好莱坞为代表的电影制造业不得不投入大量精力和资金用于区别于电视的电影新形式的探索。

1952年，派拉蒙公司的发明家弗雷德·沃勒完成了一个作为放映机的宽银幕立体电影系统（cinerama）。其中摄影机由3轨独立胶片及3个独立镜头构成，3个镜头同时对3条35毫米胶片曝光。放映机由3台投影设备及1台声音设备构成，3台投影设备拼接组成投射在用3块独立的银幕拼接起来呈146°弧形宽高比达2.85∶1的宽银幕。梅里安·库珀运用这套系统拍摄完成了《这是宽银幕立体电影》（见图3-12）。尽管这套电影系统很受欢迎，但由于从摄影机到洗印放映系统均存在很多当时难以解决的技术问题，加之成本昂贵，当时这种电影制作系统很难普及。

1953年4月，在宽银幕的流行趋势下，利用裁切技术减掉影像上下部分，派拉蒙制作的电影《原野奇侠》的银幕宽高比达到了1.66∶1，但取得的效果却并不理想。真正的宽银幕电影诞生于1953年9月，源于福克斯公司购买的1927年由法国物理学家亨利·克雷蒂安研制出的变形宽银幕技术

图3-12 梅里安·库珀导演的《这是宽银幕立体电影》(1952年)

(cinema scope),这项技术被运用在电影《圣袍千秋》中(见图3-13)。用特殊的变形镜头使1.33∶1的35毫米胶片上呈现出2.35∶1的全景式画面,在放映时用同样的变形镜头反向还原,第一部宽银幕电影取得了巨大的成功。一年内,几乎所有主要的电影公司都采用了变形宽银幕技术,直到1957年,美国85%的影院都安装了变形宽银幕技术的设备。

派拉蒙是个例外。尽管宽银幕带来了银幕尺寸扩大,但变形宽银幕技

图3-13 第一部宽银幕电影《圣袍千秋》(1953年)

术并未解决噪点过大的问题，这也是电影《原野奇侠》失败的原因之一。1954年，他们开发出了维士宽银幕（vistavision），将传统的35毫米胶片翻转，利用横走胶片的方式拍摄，发行印制仍以传统竖走胶片方式重新排列，在扩大拍摄胶片尺寸的同时减少噪点，也将画幅比例提升到了1.85∶1。首部使用维士宽银幕的电影是1954年的《白色圣诞》，后来的很多电影，其中包括史诗级影片《十诫》都用了同样的方法放映。但随着胶片技术成像质量不断提高，较小的画幅也能取得满意的影像，因此类似《原野奇侠》裁切技术的遮幅式宽银幕在现代电影中也使用得非常普遍，宽高比仍保留维士宽银幕的1.85∶1。

与此同时，其他形式的宽银幕也相继出现，如陶德宽银幕系统（Todd-AO），它是百老汇制片人麦克·陶德与美国光学公司联合研制的，采用70毫米底片、2.2∶1的宽银幕系统。虽然它只使用一台摄像机和放映装置，但使用效果与过去的全景电影不相上下，这也被看作后来IMAX（Image Maximum，巨幕）电影的雏形。此外，变形宽银幕技术的另一个问题是畸变严重且不均匀，这个问题被一个叫潘纳维申（Panavision）的公司解决。在此基础上，潘纳维申和米高梅合作，为米高梅的65毫米摄影机MGM 65制造变形镜头，并在1959年运用这套系统拍出了大获成功的作品《宾虚》，达到了2.76∶1超大宽高比。随后，潘纳维申自主研发了70毫米摄影机Super Panavision 70，配合非变形镜头也能获得宽高比达2.2∶1的影像。20世纪70年代，IMAX电影的出现使银幕更宽、更大。

（二）困境：戏剧舞台的照搬

1889年，威廉·迪克森亲手制定了1.33∶1的电影画幅宽高比标准。1958年，《宾虚》上映，创下8亿美元票房、斩获11项奥斯卡大奖，画幅宽高比为2.76∶1。近70年的银幕延伸，虽然起源于外力的作用与催化，但某种程度上也是影像艺术的自我延伸。在西方美术界，传统的欧洲人像画幅宽高比为0.88 : 1—1.48 : 1，风景画为1.55 : 1—1.60 : 1，脱胎于绘画的摄影艺术在画幅的选择上也自然受其影响而定为综合考虑之下的1.33 : 1。但从视觉特征来看，戈尔陀夫斯基认为，因为电影通常是运动的摄影，通常一种动作合理的运动方式是与地面平行的，所以人眼看事物的时候，总是朝地平面方向比较多，因此画幅的宽度应该大于高度。此后，人眼的观察范围又被光学专家划分为三个区域：直接兴趣范围、舒适感视觉范围和最大视野范围。宽高比在1.85 : 1的属于舒适感视觉范围，而中央直接兴趣范围的宽高比则在1.33 : 1左右。[①]

1980年，日本影像科学家进行了一系列实验来确认高清晰电视的画幅宽高比。结论是：对于大画幅的画面来说，16 : 9的画幅宽高比是相对比较理想的；而对于小画幅的画面，人们比较喜欢接近方形一些的，也就是4 : 3的画幅宽高比。这一结论与上述人眼视觉范围研究结果不约而同。

所以，人们视觉心理上对画幅比的感受的确会受到画幅大小的影响。宽银幕诞生之初，就是源自庞大的宽银幕立体电影系统。1930年，世界上超过九成的影院拥有1500个以上的席位，这为影院的大银幕升级提供了天然的先决基础，作为更大画幅的银幕尺寸，宽银幕的效果自然会更好。

1952年，《这是宽银幕立体电影》的横空出世让宽银幕电影成为可能，观众对其热情的追捧也显示了宽银幕电影将家中观众拉回电影院的可能，但其本质不过是这一新技术推广的宣传片，此后制作的《世界七大奇观》《南海探险》等影片大多是一些自然奇观。因此，宽银幕这种新技术的最初出现本质上是希望利用“审美心理距离”的缩短让影像艺术再次变为功利心驱使的“兴奋剂”，让审美活动再次变为处于“极限距离”下限之下“差距”现象的生理刺激。

---

① 屠明非．电影技术艺术互动史：影像真实感探索历程［M］．北京：中国电影出版社，2009.

再说回1953年的《圣袍千秋》，这部真正意义上的第一部宽银幕电影标志着新的影像之“形”的形成，却将影像的艺术性倒退回了梅里爱时代。受制于画幅比例，相对更窄的上下边框给摄影师的构图增加了不小的难度，除了把景物安排在相同的高度，他们根本不知道如何让演员走出画面。在这种窘境之下，拍摄角度的选择几乎都以正面为主，电影再次变为戏剧舞台的照搬。同时，宽银幕意味着相同景别下画面信息的增多，影像创作者又担心信息交代不清而将剪辑节奏变慢，影片的连接也变成了长镜头的堆砌，蒙太奇的剪辑艺术几乎被抛弃。可以说，过往窄幕电影里影像创作者用来控制“审美心理距离”的艺术手段在宽银幕电影里不再适用。面对新的影像之“形”带来的前所未有的视觉刺激，他们并不能拿出与之相匹配的影像艺术之“态”，“绝对距离”最小值再次处于“极限距离”下限之下，“差距”现象再次出现，也将宽幕化流变置于困境之中。

曾获十八次奥斯卡最佳摄影奖提名并四次获奖的摄影师利昂·沙姆洛伊曾是宽银幕电影的极力反对者。查尔斯·巴尔在他著名的《电影宽银幕的前世今生》(*Cinema scope: before and after*)中写道：“宽银幕恰恰把电影降低到了‘真实’的基础，这似乎和纯艺术产生不可调和的矛盾。”[①]罗宾·莫纳连也曾说过：“宽银幕是有史以来所创造的最可怕的形式。”美国导演比利·怀尔德更是激烈地指出这一所谓的“进步”就像是“为毒蛇而非人类的葬礼所设计的规则”。在他们看来，更宽的银幕让观众聚焦变得困难，因为银幕太宽了，所以不能一下子把整个银幕收进视野中。查尔斯·巴尔也在结论当中提出，影像必须被更好地组织，从而引领观众的视线在画框中驰骋。

（三）完成：多样化的画幅比例并存

但是，也有以巴赞为代表的从一开始就肯定宽银幕视觉表现力的学者。

---

① BARR C. Cinema scope：before and after［J］. Film quarterly，1963（4）：84-95.

巴赞在理论上对宽银幕的热情可见一斑："银幕的宽度扩展优于景深，决定性地打破了蒙太奇作为具有电影话语权的主要元素。蒙太奇声讨了导演们所打破的电影原有的真实性，而这恰恰是人们原来理解错误的电影本质。"巴赞的观点某种程度上源于宽银幕电影早期对于长镜头的偏爱，但就其认为的"电影影像来自真实世界的直接记录"这个观点而言，宽银幕电影做到了，缺少的是控制宽银幕电影"距离"的方式和技法。

早期曾极力反对宽银幕的利昂·沙姆洛伊在拍过《圣袍千秋》之后成为宽银幕最坚定的拥护者，甚至断言宽银幕将在近十年的时间里打破原有的电影艺术。同样的问题到了1959年《宾虚》的拍摄时已有改善，经过五六年的宽银幕制作经验，创作者对于大场面的控制已经显得游刃有余，但在一些例如双人对话的小景别上仍旧不知所措。但在1971年的《最后一场电影》中，电影艺术家开始尝试着利用纵深调度来控制场面与人物之间的位置关系，并且经过宽幕的磨合期之后，冷静之后的导演们也渐渐发现，过去在非宽幕时代使用的影像技巧如正反打镜头等，在宽幕时代仍然奏效。于是画面的景别和摄影的运动又变得灵活起来，"差距"的现象逐渐改善，"审美心理距离"开始得到控制，宽银幕电影的艺术性也慢慢体现出来。

与前几次影像形态流变不同的是，宽银幕提升影像真实感是有前提的，即银幕要大。由此，从影片题材、观影环境来说，宽银幕和普通银幕在不同层面上体现出各自的优势。一些导演在特定的题材上不喜欢宽银幕。比如，弗朗西斯·科波拉在拍摄《心上人》时便选择了普通银幕的画幅宽高比，对此他解释说，普通银幕可以更好地展现人与人之间的关系。马丁·斯科塞斯在拍摄《飞行家》期间也曾在两种画幅宽高比之间犹豫，最终由于大量航空镜头更适合宽银幕展示而放弃了选择窄银幕的念头。2014年韦斯·安德森导演的《布达佩斯大饭店》更是采用了三种画幅宽高比呈现的形式分别讲述三个时代的故事，不同画幅宽高比呈现出的强烈历史感，也与该片浓郁的怀旧感和造型感相一致。此后，在画幅宽高比的选择上，影像创作者更为大胆，特定段落的画幅宽高比改变，甚至各种形状的使用也层出不穷。

一方面，我们必须肯定的是，电影发展至今，视觉效果更优的宽银幕成为主流是不争的事实，这既提升了影像真实感，也不断缩短了观众和艺术作品间的“审美心理距离”；另一方面，随着宽银幕电影的增多，观众对于这种新的视觉形式逐渐适应，开始能够在宽幕、巨幕的强烈的视觉刺激下关注影像内容；最重要的是，随着影像创作者控制“审美心理距离”能力的不断提升，他们也更加游刃有余，并不完全被技术驱使，影像艺术作品也呈现出更加多元化的特点，而技术革命带来的变革也不再像过去那样彻底。

另一种影像媒介——电视，在提出高清标准之后，也逐渐过渡到了16∶9的宽屏时代。此外，随着互联网、移动互联网、智能手机的兴起，如今影像媒介在介质尺寸和观影距离上都在发生着巨大变化，宽银幕影像的概念与艺术理念是否还适用，后续章节还会有详细论述。

五、立体化流变

2010年，詹姆斯·卡梅隆执导的《阿凡达》横空出世，以全球累计27亿美元的票房一举刷新了全球影史票房纪录，也让全世界的观众领略到了立体电影的魅力，前所未有的立体视觉感受再次拉近了观众的“审美心理距离”。但随着热度褪去，立体电影票房在2018年也有了下降的趋势，2018年，在全球电影总票房稳固上升达到411亿美元时，全球立体电影票房为67亿美元，较2017年的84亿美元下降了20%。此外，在2018年全球电影银幕总数增长7%接近19万块的情况下，北美地区的立体银幕数量还出现了下降。但如果将时间向前推移，站在更高的维度来看，会是另外一番景象：2006年，全球立体电影票房不足1亿美元，在总体票房中几乎可以忽略不计，即便是在出现下滑的2018年，67亿美元的全球立体电影票房也占到了票房总额的16%；银幕数量方面，2006年全球仅有258块立体银幕，2018年已超过10万块，已超过普通银幕的数量。就当下来看，立体电影成为当下电影中的一种主流形态已是不争的事实。

（一）缘起：双目视差的技术呈现

立体电影的基本构思来源于人眼的立体视觉，这个概念可以追溯到公元前3世纪的欧几里得，他第一个认识到立体视觉是由每只眼睛在接收到同样的物体时存在的视觉差引起的。1584年，达·芬奇曾尝试根据立体视觉描绘出现实生活中的深度。1600年，德拉·波塔根据欧几里得提出的理论，绘制了第一幅人工三维图画。1838年，英国物理学家查尔斯·惠斯通根据双目视差的原理发明了立体镜（stereoscope），通过这个装置人们可以在镜面反射中观看同一图像在左右眼中产生的不同影像。在此基础上，苏格兰科学家大卫·布鲁斯特加以改进并结合了1839年达盖尔发明的摄影术，于1849年使用棱镜发明了布鲁斯特立体镜（binocular stereoscope），为后来所有的立体镜提供了模板，又反向刺激了立体静态摄影的大规模生产。在1850年代的英法街头，立体静态摄影与单幅静态摄影同时兴盛。

随着各种各样的电影设备出现，大众的兴趣逐渐转向运动影像，发明家们不断探索运动影像与立体镜的结合。1852 年，朱尔·迪博斯克结合可连续播放动画的费纳奇镜（phenakistoscope），发明了可观看活动影像的双目立体镜（bioscope）。随着1895年电影的诞生，观众的热情纷纷转向这个已经可以公开放映的成熟产品上，立体影像也开始将探索的目光转向大银幕。约翰·安德顿于1895年发明了一套全新的立体影像放映方法，即使用两台放映机和两套滤镜将图像进行偏振之后投射到银幕上，观众佩戴带有相应偏振滤镜的眼镜，可以观看投射在银幕上的立体影像，这种办法也是当前主流的偏振放映技术的雏形。1898年，查尔斯·詹金斯申请了主动快门眼镜专利：随着主动快门眼镜的轮流开关，放映机轮流放映左右眼影像，双眼中呈现的影像不同，从而给人立体感。这种办法随后经过数字改良至今仍然流行。1915年，埃德温·鲍特和威廉·瓦德尔在纽约试验了色差式立体电影片段并将立体影像片段首次放映。这种色差式立体技术源自1850年法国人约瑟夫·达·阿尔梅达在实验中通过使用红色和绿色滤镜进行分色发现的立体浮雕。1922年，哈利·费尔奥和摄像师罗伯特·艾尔德制作的世界上第一部立体电影长片《爱情的力量》在洛杉矶大使饭店戏院放映，这是立体电影的首次商业化运用，使用的也是色差式立体技术。这种技术在20世纪50年代之前被广泛使用，随后逐渐演变成今天的滤光技术。

1950年以后，电影一方面已经进入彩色片时期，另一方面受到电视行业的冲击，电影技术渴望得到突破，立体电影再次得到发展。1952年，弗雷德·沃勒发明的宽银幕立体电影系统不仅开启了宽幕时代，同时也指明了立体电影的发展方向。同一年，天然视觉（natural vision）立体技术出现，在用两台摄像机代替双眼并保持与眼距等比的距离进行平行拍摄的基础上，将左机拍摄的胶片染红，右机拍摄的胶片染绿，并且将这两个胶片分别印成不同的拷贝片，同时在两台放映机上放映。而观众要戴上偏光镜看电影，偏光镜会将银幕上重叠的两层影像分别加以过滤，再将剩下的那一层传入神经中枢，从而在脑中完整地呈现出立体感。阿克·奥博勒导演的首部彩色立体故事长片《非洲历险记》便是在此基础上完成的。

在短暂的黄金发展期之后，立体电影因为放映同步技术的问题导致人们的观影体验不佳，在立体电影与宽银幕的竞争中被搁置，虽然在20世纪60年代、70年代、80年代有过几次回潮，但立体电影在此后还是走向了低谷。不过技术上也并非毫无进展，尤其是在同步问题上。1960年，福克斯公司配合变形宽银幕技术开发的变形宽银幕立体双机摄影机，将双机拍摄到的左右眼影像叠印到同一卷胶片上，然后使用一台放映机投射影像，用来解决双机放映中的不同步问题。1970年，克里斯·康顿研发出立体视觉

（stereovision 3D）技术，他在双机立体电影拍摄的基础上，发明了便携式单机立体摄影机，将左右眼影像并排交替印在一套35毫米电影胶片上。放映时，放映机通过变形镜头和偏振过滤装置，以每秒48帧（两倍速）的速度放映；同时，在放映机的镜头前加上一个周期转动的分光板，两套画面交替出现。随后出现的阿莱立体视觉（Arrivision 3D）技术，使用单摄影机和单卷胶片，配备了特制的双镜头适配器。拍摄时，将35毫米胶片标准的一格影像一分为二，左眼影像拍摄在胶片的上半部分，右眼影像拍摄在胶片的下半部分。放映机放映时，通过一个特殊镜头将上下部分的影像结合到一起，在拍摄中不用考虑额外的摄影机和更多的胶片，而且几乎所有影院都可以放映并无同步问题。

真正推动立体技术发展的是数字技术的出现。1985年，在涉足立体电影领域之后，IMAX公司首次使用计算机图像生成（computer graphics，CG）技术用于立体电影《我们生于星星》，这也是立体电影与数字技术的首次结合。而随着数字技术的发展，数字摄影、数字监看、数字剪辑、数字放映机等一系列的数字影像设备都给立体电影的创作带来了极大的便利。2003年，詹姆斯·卡梅隆拍摄的立体电影《深渊幽灵》采用高清数字摄像机改造成的立体摄像机来拍摄，并引入了Fusion 摄影系统（Fusion camera system）把立体影像的拍摄、成像、回放系统整合起来，大大提高了立体电影的剪辑效率和拍摄质量。放映方面，随着数字放映技术的发展，色差式技术被更为先进的滤光技术淘汰，主动快门眼镜技术和偏振技术也日趋完善，进入数字时代的立体电影才真正作为新的电影艺术形式走进大众。

（二）困境：“杂耍式的娱乐表演”

电影的诞生将静态影像变为动态影像，解决了视觉的动态性问题，却没解决因视差形成的立体感问题。自电影诞生之初，立体电影的探索与尝试就随之开始了。立体感带来的三维空间感受会让影像的真实感再次提升，进一步拉近观众与影像之间的“审美心理距离”。

世界上第一部立体电影《爱情的力量》诞生于1922年，遗憾的是，有关影片的资料早已遗失。但从同时代其他的立体电影来看，这些影片以展示立体效果为主打，通常会出现指向观众的枪、扔向观众的东西等场景来营造紧张感，制造噱头。这种令人耳目一新的视觉新奇感在短期内的确吸引了观众的目光，他们第一次如此“近距离”地感受影像的立体逼真。立体影像艺术几乎完全等同于感官的生理刺激。然而随着有声片、彩色片的相继出现和完善，以及色差式技术在彩色电影中严重偏色的问题被解决，单纯的生理刺激转化为生理疲劳的时候，人们逐渐对这个停滞不前、已不再新颖的“玩具”失去了热情。

第一部彩色立体长片是1952年上映的《非洲历险记》，它的广告语至今仍值得电影制片人去学习：“狮子在你腿上，爱人在你怀里。”而作为一部强调逼真感受的立体电影，“新奇的技术”和“真实的感受”真正抓住了人们的眼球。它采用天然视觉立体技术成功将“真实的”色彩与立体结合了起来，并取得了巨大的成功，票房达到了500万美元，这迎来了立体电影发展的第一次高潮。但很多导演认为立体电影缺少故事内容的艺术性诉求，从根本意义上说，它只不过是一种杂耍式的包含了高科技的娱乐表演，不能算是严肃的艺术形态。阿奇·奥博勒认为：“如果立体影片对观众来说与马戏别无二致，那么经济学早已对它的不景气前途下了结论，因为马戏不是刚需，那些把戏和绝技足够人们用一年的时间来期待下一次。”[1]果然，被不幸言中，这种奇观的火爆也仅仅持续了几年。首先，随着立体电影的产量增多，作品质量参差不齐，立体手段依旧停留在朝观众扔东西的俗套里，题材也局限在能体现立体冲击效果的恐怖、惊悚、科幻类影片中，哗众取宠的成分远大于叙事能力。本质上，1920年代时也一样，只是色彩的

① 郝一匡，等.好莱坞大师谈艺录［M］.北京：中国电影出版社，1998.

加入让影像更加真实，观赏时的“审美心理距离”更近，但是从未真正被当作艺术对待。其次，从技术角度而言，立体影像从影片的前期拍摄到后期剪辑再到胶片冲印、放映等各个环节，都需要专门配套的技术标准和要求，品质很难保证。即便在品质保证的基础之上，由于观众需佩戴被动的立体眼镜，仍常常产生眼睛疲劳甚至头昏脑涨的感觉。最后，是放映技术的不成熟，经常会出现两台胶片放映机不同步的情况以及由于双投影过滤带来亮度不足而引起观影不适等问题。诸多问题导致了1950年代立体电影票房遭遇滑铁卢以至于迅速消亡。

立体电影票房在1950年代后期下滑，1960年代几乎销声匿迹。1969年，一部使用“视觉技术”的《空中小姐》让立体电影起死回生。技术上的进步确有其因，但以10万美元赚回270倍的票房靠的却是软色情，其最初放映时被列为X级电影。大部分人还是奔着新技术下银幕上的裸露镜头而来的。在其带动下，整个1970年代的立体电影几乎都是成人电影和恐怖片。这些布洛认为处在“极限距离”之下的内容正是让立体电影延续下去的唯一动力。甚至可以说，技术发展下的立体电影几乎是靠持续的、不同的、愈来愈强的生理刺激维持，几乎与艺术没有关联，影像形态立体化的流变也走入了一个死胡同。

（三）待完成：“视差”之上的立体艺术语言

数字时代的到来，以《阿凡达》为代表的立体电影让这种影像形态再次迎来了春天。2018年，北美票房前25部中有16部是立体电影，数字技术的加入也让立体电影技术发生了革命性的飞跃。但开始出现的退热趋势，也让人必须思考这是不是又一次因为影像真实感提升、审美距离变近的生理刺激。

就题材而言，过去我们往往诟病立体电影题材的局限性，总聚焦在恐怖、惊悚、色情等感官题材上。随着数字时代的到来，伴随而来的CG技术却在电影的题材选择方面做出了重要贡献。在神话、科幻、冒险、童话等题材当中，数字时代之前的电影常常束手束脚或是通过动画形式展现，这就需要观众在欣赏的过程中带有一定的假定性，通过想象才能感受到这些离我们较远或者根本不存在的形象。但依靠CG技术的仿真特性，观众不需要太多假定便能让虚拟的东西再现，如在此基础上能够感受到虚拟存在的立体感，会让这种仿真更加真切。因此，在数字技术用于电影之后，虚拟的场景、人物、情节越来越多，数字立体电影更是让这些形象和故事更加生动、形象、细致，很大程度上拓展了电影的题材，但也被人认为过于真实而失去了想象的空间。笔者认为，影像存在的意义便是营造一种真实感受，无论这种真实感受是现实中的提炼还是脑海中幻想的实现，数字技术与立体技术的出现仅仅是让曾经不真实的幻想看上去更真实了。影像的发展史就是将虚拟想象逐渐具体、真实呈现的漫长过程，相较于其他艺术门类，虚拟形象的想象空间也并不是影像这门艺术所追求及擅长的。

从内容上说，电影自诞生起，就对叙事格外倚重，并擅长以影像叙事的方式来吸引观众，叙事结构上经过百余年的探索也已非常成熟，《盗梦空间》《记忆碎片》等看似杂乱无章、实则精密完整的非线性叙事结构已将蒙太奇艺术发挥到了极致。立体电影却常常给人叙事简单、故事平淡的印象。

一方面，出于商业性考虑，立体电影因为制作成本较非立体电影相对较高，因此通常具备更强的商业属性，也会产生更多的生理性倾向，企图将观众推倒在审美的“极限距离”下限之下取得票房；另一方面，在观众对立体电影尚不具备太多审美经验的情况下，“绝对距离”也很容易掉在“极限距离”下限之下，出现因Ad（min）<Dl（min）的“差距”现象，观众被立体的视觉体验吸引而忽略了影片本身的叙事。

对于后者，很容易随着审美经验的提高而得到解决，但是前者也会因此造成长期生理刺激之后转变为生理疲劳，重蹈覆辙。客观而言，随着立体电影技术的普及，未来立体电影的成本与传统电影并不会有太大差异。

因此，除了因技术问题带来的节奏可能略慢外（人眼可以分辨的最小视差可以达2角秒[①]），叙事等其他方面并不会与传统电影有太大差别。但如果仅此而已，立体电影并不是真正的影像形态，而只是在平面电影上的寄生虫，并没有实现技术向艺术的飞跃。

因此，在因立体感受构成影像之“形”并越发成熟的今天，能否在立体电影中找寻到其独有的美学形式，构成立体影像的影像之“态”，是它成为真正的独立的影像形态的关键。这种美学形式可以暂且称为空间美学，空间美学来自立体电影的立体感受如何参与到电影的艺术创造中。立体电影中，如果以焦点所在的焦平面位置为标准，通常人们习惯于把小于这个距离的物体叫作负视差物体，大于这个距离的物体叫作正视差物体。《阿凡达》中，卡梅隆正是将主角和怪物处于正负视差两端，让观众清晰地感受主角与怪兽之间的遥远距离，从而判定主角处于安全的状态。2009年亨利·塞利克导演的《鬼妈妈》已经“将立体效果与角色导向叙事进行结合”。动画师彼得·库兹切克说：“导演亨利要求用3D深度区别卡罗琳所感受的现实世界和其他世界。”因此，在现实世界里，处于焦平面的平面化空间可以将卡罗琳在房间里生活的无趣状态表现得更加淋漓尽致；而在另一个世界里，由于让物体分别处于正负视差里，带来空间感的深度增加，卡罗琳的心情放松显得更加具有视觉表现力。这类最大化的视觉表达正是立体电影里基于空间深度逻辑而进行的差异化塑造空间的手法的应用，这使得立体影像既有视觉表现力，又能对故事情节进行叙述描写，满足电影应该传达的情感诉求。

当然这还不足以构成空间美学的全部，但肯定是立体影像具备独立的影像之“态”的一次跨越，也是影像创作者在立体影像中控制“审美心理距离”的一种手段。

---

① 张地 .3D 显示视觉感知特性研究［D］. 北京：北京邮电大学，2017.

此外，立体化的影像之“形”也并不完善，在彻底摘掉眼镜之前，立体影像之“形”并不能完全代替前一技术中的所有功能。立体影像技术革命还在进行，新的语法尚要探索，控制“审美心理距离”的新手段还需完善，空间美学亟待研究，影像形态立体化的流变仍在继续。

第四章　影像形态数据论

本章首先对上文定性研究基础上的定量分析的必要性进行论证，并在上一章历史维度案例研究的基础上提出影像形态与“审美心理距离”具有相关性的判断，以此作为定量分析的条件假设，将作为主体内容的影像形态与作为参照标准的“审美心理距离”作为变量进行量化采集，最终根据数据分析的结果对影像形态与“审美心理距离”的相关性进行验证，在此基础之上得出科学的影像形态流变规律。

一、艺术规律中的数据分析

历经从静态到动态、从无声到有声、从黑白到彩色、从窄幕到宽幕、从平面到立体，影像形态的数次流变无不经历着由技术推动的缘起、形态发展的困境到艺术探索的曲折过程。站在立体化流变的当下，影像形态开始了新一轮的探索。被誉为“华人之光”的著名导演李安，在2016年采用4K、120帧及3D的技术手段制作的《比利·林恩的中场战事》遭受争议之下，仍于2019年创作了采用相同技术手段的《双子杀手》。在拥有好莱坞一线演员及制作阵容与1.38亿美元投资的情况下，仅收获了1.73亿美元的票房回报，IMDb的评分也仅有5.7分。从票房和口碑来看，李安的这次尝试失败了；从影像发展历史来看，这是一次关于影像形态流变的实验。但这次价值1.38亿美元的影像实验究竟是影像形态进入新阶段的里程碑，还是一次误入歧途的错误尝试，业界和学界对此进行了广泛的讨论。

影像的发展自是前赴后继、日益更新的，但这种每隔一段时间就因新的影像形态出现而产生的争论与质疑是否应当有一个尽头？“世界互联网教父”凯文·凯利在《必然》一书中曾对驱动未来发展的动力如此描绘：“这些力量并非命运，而是轨迹。它们提供的并不是我们将去何方的预测。只是告诉我们，在不远的将来，我们会向哪些方向前行，必然而然。”[①]因此，在影视形态中探寻这种可能存在的必然对影像未来的发展是具有决定性作用的。这就亟待出现一个既能够包括过往影像历史脉络，又能够指导未来影像发展的规律性判断作为依据，这也是本书采用审美心理学中的“审美心理距离”作为参照标准的重要原因。同时，在利用“审美心理距离”作为参照标准对影像历史的流变过程进行定性研究的基础之上，还需要对其各个阶段的具体影像形态进行定量研究。只有如此才能在定性研究初步判断的基础上进行数据的再次验证，最终得出合理、科学的研究结论。

但是，定量研究的方式在此前一直很少被用于包含影像在内的艺术媒介的规律判断中，直到近年来大数据采集技术的出现。

艺术，因其形态的个体差异和非直观性一直很难被量化，虽有技法、流派、风格的总结，但究其发展趋势与特征规律等宏观判断始终是不能被完全定性的“玄学”，但互联网大数据的出现与分析算法技术的日益完善，让艺术照进现实变为可能。2013年，美国奈飞公司（Netflix）研究了3300万名Netflix会员的观影习惯和偏好，并依此定制了《纸牌屋》，取得了巨大成功；2015年格莱美颁奖，微软的搜索引擎“必应”预测大热的英国创作型歌手山姆·史密斯最有可能获得年度制作、年度歌曲以及最佳新人奖，结果不负众望，预测成功。2016年，索尼计算机科学实验室利用AI系

---

① 凯利.必然［M］.周峰，董理，金阳，译.2版.北京：电子工业出版社，2016.

统Flow Machines基于大数据分析披头士乐队的歌曲特征、各团员的嗓音特质以及当年摇滚乐的流行元素，发布了一首披头士乐队风格的歌曲*Daddy's Car*。

当然，艺术创造是否能完全由依赖算法的人工智能完成不在本书讨论范围，但是基于大数据思维，将采样由过往的部分样本变成全样本，确实能更加精准地对艺术趋势进行规律性研究。因此，本章将在前文历史梳理的框架下，用大数据采样方式，基于量化的思维来找寻“审美心理距离”与影像形态二者之间的关系，以求让未来影像发展的道路更加清晰。

二、“审美心理距离”与影像形态的相关性

对影像艺术而言，包括如绘画、音乐等其他艺术形式，其独特的魅力在一定程度上来源于不同审美经验带来的不同主观感受，所谓“一千个读者，就有一千个哈姆雷特”即是如此。同时，不同创作者的不同审美追求带来的不同影像作品，形成不同的电影艺术流派在电影史上各领风骚。这两种不确定因素带来的包罗万象的审美结果让人们觉得在影像艺术中寻找规律听上去好似天方夜谭。

但如果将范围缩小，聚焦在历史维度下影像形态的数次流变中，根据前文的分析，会发现一些线索：在影像形态动态化、有声化、彩色化、宽幕化的流变过程中，无一例外地都经历了三个阶段：从技术的初探到孕育为新的影像之“形”的缘起阶段；因“审美心理距离”过近而产生“差距”现象的困境阶段；因电影艺术家逐渐找到艺术手段形成新的影像之“态”，并随着观众审美经验的提升将“审美心理距离”拉回到合适范围的完成阶段（其中当然也包含社会文化等因素的影响）。

这是某种历史巧合，还是一种合乎必然的规律？

北美媒介环境学家保罗·莱文森曾提出了以“玩具——镜子——艺术”

演进三阶段为核心的“媒介进化论”，他认为媒介的进化过程是遵循从以娱乐为主的科技玩物，到模仿现实的再现之镜，再到高于生活的艺术形式的规律演化的。

对于前文所述的数次影像形态的流变而言，其流变开始阶段每次“形”的变化，都会对影像与观众之间的“审美心理距离”带来负向移动；在影像创作者创造出与之相对应的“态”并将“审美心理距离”正向移动的时候，就会推动影像形态流变的完成。这种基于历史资料定性分析的“审美心理距离”与影像形态的相关性是否能被定量研究再次验证，形成以“审美心理距离”作为参照标准判断影像形态流变及未来发展的规律。笔者将带着这样的问题将二者共同置于大数据采集中去考察分析。

三、变量的选择与量化

本次研究是为了对“审美心理距离”与影像形态之间存在的相关性加以验证，进而以“审美心理距离”为“标尺”，结合前文对影像发展史的定性分析成果，探析影像形态的流变规律。因此，为了相对宏观、清晰和科学地对流变规律进行分析，笔者将以年为采集单位，将单位时间内的影像形态与“审美心理距离”作为变量进行采集，然后进行数据分析。

变量采集需要建立在变量量化的基础上，即通过怎样的可被采样的形式和数据对影像形态及“审美心理距离”进行量化处理。

（一）影像形态的量化

根据影像形态的发展历史，将现阶段影像形态的流变分为动态化、有声化、彩色化、宽幕化、立体化五个阶段。就本次采集而言，电影诞生之初的样本较少且因大部分未公开放映难以采集，因此动态化的阶段本次数据采集并不涉及。

所谓影像形态，其完整的构成包含“形”与“态”两部分，但决定影片具体形态归属的还是“形”，即如默片、有声片、彩色片等的物质存在。因此，影像形态的量化即各流变阶段中影像物质存在的统计与分析过程。

根据前文对影像发展历史的梳理，影像形态的流变过程并非按部就班，而是因不同阶段流变起点、流变周期存在较大差异，呈现错落及叠加状态。1953年正式出现宽银幕电影《圣袍千秋》时，彩色片仍处于与黑白片分庭抗礼的阶段。1922年立体电影的首次出现甚至与有声片诞生交织叠加。此外，交织叠加的不同流变过程也催生了一批如黑白有声片、彩色默片、黑白宽幕片、立体无声片的实验性作品。

因此为方便统计，本次采集以声音、色彩、银幕宽高比、是否立体化作为影像形态划分的标准：分别以无声片及有声片、黑白片及彩色片、窄幕片及宽幕片、联同立体片作为影像形态进行统计。其中，彩色片中的人工着色因性质未发生变化且不能量产按黑白片统计；窄幕片标准以1.37 : 1学院宽高比及以下统计；立体片因早期实验性较强，以2003年之后出现数字片后统计，且立体片发行时几乎会同时发行平面片版本，故与之对应的平面片不做单独统计。

（二）“审美心理距离”的量化

相较于影像形态，关于“审美心理距离”的量化过程则显得没那么“直观”，尤其是在脑科学技术向前发展但尚未形成让关乎“审美心理距离”的大脑活动以可视化图表呈现出来的时候，需以更易被采集、易被呈现的方式转化。

根据“审美心理距离”理论，可将审美活动中的“距离”分为三种状况。

（1）当“绝对距离”最小值Ad（min）小于“极限距离”下限Dl（min）时，“相对距离”下区间△Rd（min）出现，“差距”现象产生的状况。即：

$$\text{If } Ad(\min) < Dl(\min),$$

$$\triangle Rd(\min) = \triangle[Ad(\min),\ Dl(\min)]$$

（2）当“绝对距离”区间△Ad小于或等于“极限距离”区间△Dl时，△Rd则不存在，审美活动也趋于良好的“适距”状况。即：

$$\text{If } \triangle Ad \leqslant \triangle Dl,$$

$$\triangle Rd=0$$

（3）当“绝对距离”最大值Ad（max）大于“极限距离”上限Dl（max）时，“相对距离”上区间△Rd（max）出现，“超距”现象产生的状况。即：

$$\text{If } Ad(\max) > Dl(\max),$$

$$\triangle Rd(\max) = \triangle[Dl(\max),\ Ad(\max)]$$

从实际结果而言，“超距”与“差距”虽然感受各异，但都意味着良好的审美体验的丧失，或者说根据“相对距离”区间是否存在可以分为两种情况：

（1）当“绝对距离”区间△Ad大于“极限距离”区间△Dl时，“相对距离”区间△Rd出现，无法达到良好的审美体验，处于“差距”或“超距”的状况。即：

$$\text{If } \triangle Ad > \triangle Dl,$$

$$\triangle Rd = \triangle Ad - \triangle Dl$$

（2）当“绝对距离”区间△Ad小于或等于“极限距离”区间△Dl时，△Rd则不存在，审美活动也趋于良好的“适距”状况。即：

$$\text{If } \triangle Ad \leqslant \triangle Dl,$$

$$\triangle Rd=0$$

由此，对“审美心理距离”的判断就变为了对“相对距离”区间△Rd是否存在这一问题的判断。

但“距离”始终存在易变性，因主体而异、因客体而异，影响主客体的因素更是不胜枚举，这似乎又回到了量化的不确定困境中。

这里不妨讨论一下个性与共性的关系。追根溯源，作为早期美学代表人物，黑格尔认为每一个事物都是一个概念，并将其分为普遍性、特殊性与个体性。恩格斯也有类似观点，他曾说："一切真实的、详尽无遗的认识都只在于：我们在思想中把个别的东西从个别提高到特殊性，然后再从特殊性提高到普遍性；我们从有限中找到无限，从暂时中找到永久，并且使之确定起来。"[①]因此，每一个事物都应兼具个性与共性的二元属性，即存在一定范围内与其他事物的自由同等性，亦有其特殊的一面。因此，作为个体而言的观众和艺术家所体现的不确定性是个性，而我们通过数据量化采样整理反映的是具有普遍意义的共性，这种反映的准确程度则取决于抽样样本的科学程度，而大数据下的全样本代替部分样本，配合一定的算法筛选，是比以往任何时候都更能准确反映共性的。

具体到影像而言，关于△Rd的判断，其实就是一种观影体验后是否达到良好的心理感受，或者说对影片产生的好坏评价。那么△Rd是否存在，或者说△Rd=0所占比例PRd（percent of relative-distance），如果用等价度量的方式可称为"好评度"，△Rd=0的"适距"情况即为"好评"，△Rd≠0的"差距"或"超距"情况即为"非好评"或"差评"。好评度PRd应表示为：

$$PRd=\frac{num(\triangle Rd=0)}{num(\triangle Rd=0)+num(\triangle Rd\neq 0)}\text{（num为具体类别的计数）}$$

这种由观众心理感受形成的"好评度"也被称为电影票房及电影节评奖之外的"第三种电影评价标准"。电影票房是基于电影的商业属性考虑，乃实际观影人数与电影票价之乘积，是以"叫座"为目的的评价标准；电

① 恩格斯．自然辩证法［M］．中共中央马克思恩格斯列宁斯大林著作编译局，编译．北京：人民出版社，1971.

影节评奖是以电影的艺术性作为考量，乃专业评委的艺术评价，是以“叫好”为目的的评价标准；观众心理感受形成的“好评度”则是基于从无数大众审美出发，即在“叫座”基础上的“叫好”，是更具有共性的“适距”的“审美心理距离”的体现。

以本次数据采集来源的IMDb网站为例，其1950年至2015年所有影片总平均分的估算值为6.37分[①]。因此在本次采集中，以高于平均分取整的7分作为“好评度”的参照线，即将“好评度”高于或等于7分的影片定义为△Rd=0的“好评”影片G，而7.0分以下的影片定义为△Rd≠0的“非好评”影片B，在此基础上进行数据采集。

因此，采集获得的单个“好评”影片G的数据即体现为个体观众在观影中处于“适距”现象，即△Rd=0；单个“非好评”影片B的数据体现为个体观众在观影中处于“差距”或“超距”现象，即△Rd≠0，在此基础上通过数据累计得出的好评率PRd则可表示为$\frac{\text{num}(G)}{\text{num}(G)+\text{num}(B)}$，即：

$$\text{PRd}=\frac{\text{num}(\triangle \text{Rd}=0)}{\text{num}(\triangle \text{Rd}=0)+\text{num}(\triangle \text{Rd}\neq 0)}=\frac{\text{num}(G)}{\text{num}(G)+\text{num}(B)}$$

（num为具体类别的计数）

因此，本次研究将以心理感受形成的“好评度”作为“相对距离”是否存在比例的量化，以反映观众在不同影像形态观影中“审美心理距离”的共性趋势。

四、采集来源及范围

从量化角度而言，通常把非本次研究采集而从其他地方获取的数据称

① 王伟. 美国电影网站IMDb的榜单文化研究［D］. 长春：东北师范大学，2016.

为二手数据，因所采集数据非针对本次研究采集，这就对数据来源的科学性提出了更高要求。

（一）采集来源

本次数据采集的来源分为两个方面。主要数据来源是全世界用户最多、覆盖面最广、影响力最大的电影网站IMDb（http://www.imdb.com）。“影像形态”的量化中，除平面片及立体片外，包含无声片及有声片、黑白片及彩色片、窄幕片及宽幕片的数据均在此网站采集。“审美心理距离”的量化中，关于“好评度”的采集则全部基于IMDb数据。此外，因为立体片当前正处于变革之下，且IMDb的数据分类暂未有基于此类型的分类（仅在影片技术参数详情页面放映格式中有体现且数据不全、动态较大），为保证数据相对完整，数据整理自美国电影协会（Motion Picture Association of America，MPAA）每年发布的全球电影主题报告。

IMDb是互联网电影数据库的简称，是一个收录了用户上传的电影、电视剧、电视节目和电子游戏的互联网影像数据库。IMDb收录了影片的各类基本信息，包括影片介绍、主创团队、技术参数等，以其知名的“IMDb TOP 250”和用户自主打分和评论系统风靡全世界并被争相模仿。IMDb最初创建于英国的布里斯托尔（Bristol），2008年被美国亚马逊公司收购。①

鉴于IMDb是全世界最详细的影片资料数据库，其相对全面地整理了电影自诞生至今上映的影片，纵使少部分影片类型存在技术信息不全导致该类型信息无法采集全面的问题，可能无法保证数据数量上的精准度，但海量的影片基数和大量可采集信息可将不全信息视作无差别丢失，因此，该网站依然能提供相对客观的数据比例。简言之，用基于海量数据的影片类型占比代替影片类型数量无疑更具科学性，同样的概念也适用于下文所述

---

① 王伟.美国电影网站IMDb的榜单文化研究［D］.长春：东北师范大学，2016.

的影片好评数量，最终呈现也将以更为科学的影片好评度代替。

IMDb集合了来自全球不同国家、不同文化、不同年龄的各类电影影迷，虽然他们的电影认知、审美旨趣风格各异，甚至可能存在较大分歧，但基于IMDb庞大的用户数量和影片数据库，仍可将其看作一个代表当下电影观众基本认知、审美的全样本整体考虑。正因如此，基于IMDb的数据采样才能以影像时间上的纵向发展整理观众“审美心理距离”视角下影像形态的流变过程。

IMDb影片评分是10分制计数，以0.1分为最小计数单位，最高10分，最低1分。值得一提的是，在IMDb的影片页面上好评度并非用户评分的算术平均值，而是其加权平均值（weighted average）。所谓加权平均值，根据IMDb的官方解释，是对原始数据应用了贝叶斯统计算法，兼顾电影观众、投票人数。而IMDb声称将不会披露使用的确切方法，这将确保该政策继续有效，从而更准确地计算投票数据。“最简单的解释是，尽管我们接受并考虑收到的用户所有投票，但并非所有投票对最终评级都有相同的影响（或‘权重’）。对原始数据应用了各种过滤器，以消除和减少那些对更改电影当前分级比给出其真实意见更感兴趣的人试图进行的投票填充。为了确保我们的评级机制仍然有效，我们不披露用于生成评级的确切方法。不过，请放心，相同的计算方法用于生成数据库中列出的每个影片的评级：我们不会调整单个影片的评级。投票权如何根据投票人的头衔进行加权，没有偏见。”①

类似IMDb网站这种基于数学统计模型的算法设计，需要将算法最大限度地优化，即尽可能地从样本中提取有效信息，从而找到符合样本数据的“特征值”，具体在IMDb中体现为“加权平均分”。与此同时，随着IMDb网站影响力的增大及全球性推广，用户数量急剧增加，带来影片数据

---

① What does “weighted average” mean?［EB/OL］.（2012-06-14）［2022-06-06］. http://help.imdb.com/article/imdb/track-movies-tv/ratings-faq/G67Y87TFYYP6TWAV#.

库的极速膨胀与影片评价人数的极速递增，早期建立起的数据模型在扩张期间容易产生较大波动，此时需要有针对性地对评分的算法和用户的权重比例进行动态调整。对此，IMDb所采用的“加权平均分”便是为了最大限度地真实客观地还原影片的好评度，并通过限定和调整使影片的评分更加稳定，结果更加公平。

对此，英文问答网站Quora用户洛伦佐·佩罗内（Lorenzo Peroni）参照纳撒尼尔·约翰斯顿（Nathaniel Johnston）在博客中介绍的计算方法①，通过对过往IMDb所有影片加权平均分的估算，验证IMDb网站评分机制的公平性。②结果对比洛伦佐·佩罗内在2014年估算的6.39分和纳撒尼尔·约翰斯顿在2009年统计的精确值6.38分可知，影片加权平均分的数值变化不大。由此可见，IMDb网站评分机制是稳定且相对科学的。

但是，这种评价标准也同时受到历时性与共时性的双重影响，尤其会出现新片好评度较高的现象。当新片逐渐成为老片，电影的热度逐渐褪去，好评度也会在一些浮动之后恢复稳定。这可以被看作在表层的假象褪去后逐渐浮现出了较为真实、稳定的好评度。正因如此，尽管评价标准本身是主观的，好评度的浮动因素也多为人为因素，但是好评度反映出的共性仍可以作为客观研究对象。

此外，整理自美国电影协会的全球电影主题报告的立体片影像形态数量，数据来自美国知名的互联网统计公司康姆斯克（ComScore），包含了全年北美市场上映的所有影片。从这份业内具有权威性的报告中，采集北美市场而非全球市场的数据，在立体电影这一正在发展的新形态上缩小了范围，同时也提高了统计精度。同时，选择以好莱坞为代表引领全球电影

① Nathaniel Johnston IMDb movie ratings over the years［EB/OL］.（2009-10-09）［2022-10-06］. http://www.njohnston.ca/index.php?%20s=IMDb.

② PERONI L. What is an average rating on IMDb for a movie?［EB/OL］.（2015-01-10）［2022-10-06］. http://www.quora.com/What-is-an-average-rating-on-IMDB-for-a-movie.

技术发展的北美市场作为采集样本，在IMDb进行数据采集时以影像形态占比代替影像形态数量，对于研究正在发展的立体电影的发展趋势是兼具前瞻性与科学性的。

（二）采集范围

本次研究也在数据的采集范围上做了限定。

首先是时间上，采集时间范围选取自1895年至2016年共122年间网站数据库中的影片。时间起点为电影诞生元年1895年并以年初开始，虽然IMDb数据库中1895年之前的影片有58部，但大部分为实验性质的短片且数量较少不列入统计；因考虑新片数据持续更新及因共时性存在好评度较高的情况，故本次研究将近3年影片数据也不列入采集范围，时间截止点为2016年底。

其次是影片大类形态上，IMDb共分为故事片（feature film）、电视电影（TV movie）、电视连续剧（TV series）、电视剧（TV episode）、电视特辑（TV special）、迷你系列剧（mini-series）、纪录片（documentary）、电子游戏（video game）、短片（short film）、视频（video）、电视短片（TV short）共11大类。结合影像发展历史并考虑采集时间范围，将较晚出现的基于电视和网络的大类排除在外，选择以院线为主的故事片和纪录片作为影片大类的范围。

最后是关于好评影片采集及好评率采集的范围限定，好评影片采集是基于IMDb科学算法的加权平均分高于或等于7分的影片。但加权平均分的算法也需要一定评价人数基数才能相对准确，因此好评影片采集范围限定在超过100的样本数量，即评价人数超过100人的列入采集范围，被计入评价影片；评价人数超过100人并且加权平均分大于等于7分的影片被计入好评影片。影片好评率的采集范围，因已经过好评影片的筛选，并综合考虑统计基数过小而导致概率变化较大及采集范围过小带来的数据样本不足两方面因素，将采集范围限定在超过50的样本数量，即影片评价数量超过50个的则开始统计影片好评率。此外，平面片及立体片的好评率因样本太少暂不统计。

五、采集过程

在影片类型的数据采集中，数据来源于全球电影报告的立体片类型统计可以直接采用，由此按年统计了2003—2016年北美上映立体片数量及总影片数量。除此之外，在无声片、有声片、黑白片、彩色片的类型采集中，IMDb提供了声音信息（Sound Mix）及色彩信息（Color Info）的筛选功能并可按年代（Release Date）搜索，如图4-1所示。声音信息选择规格较多，无声片对应无声电影（Silent），其余都归为有声片，如图4-2所示；色彩信息中，先前定义中已将早期着色电影归为黑白片统计，另一选项学院色彩编码（Academy Color Encoding System，ACES）为由美国电影艺术与科学学院制定的用于动态图像色彩编码的规范，也是基于彩色片基础之上的，因此黑白片包括了黑白（Black&White）及着色（Colorized）两个选项，彩色片包括了彩色（Color）和学院色彩编码（ACES）两个选项，如图4-3所示。

而关于窄幕片和宽幕片的类型采集，IMDb并未提供筛选搜索，但从影片信息页的技术规格（Technical Specs）中的画面宽高比（Aspect Ratio）中抓取，如图4-4所示。为此，笔者编写了基于Python语言的Conda环境并采用Scrapy命令抓取页面信息的程序，用Beautiful Soup命令查找并统计画面宽高比，如图4-5所示。

在此过程中，画面宽高比呈现出多种比例、多样化的计算形式，根据采样信息，将画面宽高比小于或等于学院宽高比的定义为窄幕片（主要包括1.33 : 1、1.37 : 1及4 : 3），大于学院宽高比的定义为宽幕片。

此外，最终统计结果以影像形态占比计算，因此关于总量统计同样关

Release Date (?)

[ ] to [ ]

Format: YYYY-MM-DD, YYYY-MM, or YYYY

图4-1　IMDb年代搜索选项

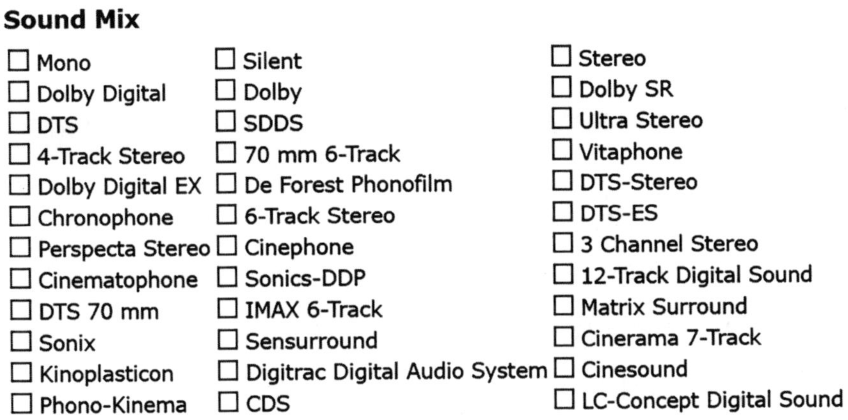

Sound Mix

☐ Mono	☐ Silent	☐ Stereo
☐ Dolby Digital	☐ Dolby	☐ Dolby SR
☐ DTS	☐ SDDS	☐ Ultra Stereo
☐ 4-Track Stereo	☐ 70 mm 6-Track	☐ Vitaphone
☐ Dolby Digital EX	☐ De Forest Phonofilm	☐ DTS-Stereo
☐ Chronophone	☐ 6-Track Stereo	☐ DTS-ES
☐ Perspecta Stereo	☐ Cinephone	☐ 3 Channel Stereo
☐ Cinematophone	☐ Sonics-DDP	☐ 12-Track Digital Sound
☐ DTS 70 mm	☐ IMAX 6-Track	☐ Matrix Surround
☐ Sonix	☐ Sensurround	☐ Cinerama 7-Track
☐ Kinoplasticon	☐ Digitrac Digital Audio System	☐ Cinesound
☐ Phono-Kinema	☐ CDS	☐ LC-Concept Digital Sound

图4-2　IMDb声音信息选择规格

Color Info

☐ Color ☐ Black & White ☐ Colorized ☐ ACES

图4-3　IMDb色彩信息选择规格

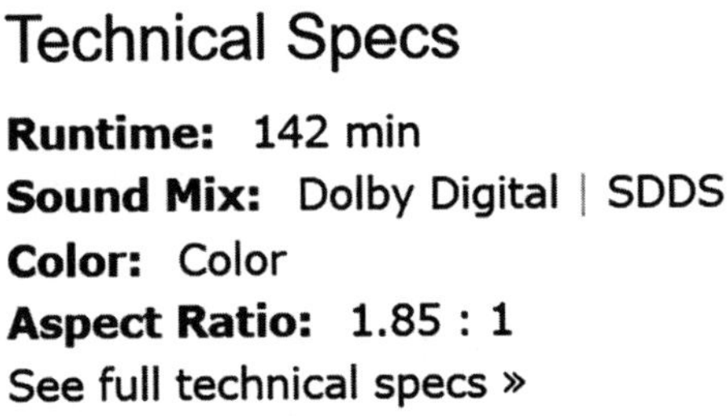

Technical Specs

Runtime: 142 min

Sound Mix: Dolby Digital | SDDS

Color: Color

Aspect Ratio: 1.85 : 1

See full technical specs »

图4-4　IMDb影片信息页的技术规格

imdb.py

```
# -*- coding: utf-8 -*-
import scrapy


class ImdbSpider(scrapy.Spider):
    name = 'imdb'
    allowed_domains = ['imdb.com']
    start_urls = ['https://www.imdb.com/search/title/?title_type=feature,documentary&release_date=1955-01-01,1955-12-31']

    def parse(self, response):
        movies = response.css('.lister-item-header a::attr(href)').extract()
        nxt_sel = "a.lister-page-next::attr(href)"
        nxt = response.css(nxt_sel)
        print('-------------')
        print(nxt.get()) # a string
        yield response.follow(nxt.get(), callback=self.parse)

        for i in movies:
            print(i)
            yield response.follow(i, callback=self.parse_detail)

    def parse_detail(self, response):
        # interest = '#titleDetails'
        filename = response.url.split("/")[-2] + '.html'
        with open(filename, 'wb') as f:
            f.write(response.body)
```

图4-5　基于Python语言的Conda环境并采用Scrapy命令抓取页面信息的程序

键。此处的总量并非单位时间或总时间的影片总量，而是基于采集自变量的相对总量，如在采集无声片与有声片的过程中，总量即为无声片与有声片的总和，即在声音信息存在数据，部分声音信息为空则不纳入总量统计。

因此，最终统计1895—2016年期间的无声片率、有声片率、黑白片率、彩色片率，1950—2016年的窄幕片率、宽幕片率（1949年以前未出现宽幕）及2003—2016年的立体片率。

而在好评率采集上，根据影片及好评率两次采集样本数量的限定，一些早期影片或新近诞生的类型影片由于评论较少无法采集，最终采集了1920—1930年的无声片好评率、1929—2016年的有声片好评率、1920—1929年的黑白片好评率、1947—2016年的彩色片好评率、1953—2016年的窄幕片好评率、1953—2016年的宽幕片好评率及1920—2016年的全部IMDb库内的影片好评率。

六、数据分析与相关性验证

详细采集数据结果见附录，根据采集数据整理分析可得出以下几方面结论。

（一）影像形态流变的基本特征

影像形态占比上，四种新的影像形态整体呈正向递增趋势，这说明四种影像形态的流变符合影像形态整体流变进程。其中，有声片、彩色片及宽幕片在形态占比中分别为99.96%、95.28%、97.02%，均已变为具备绝对优势的影像形态，表明有声化、彩色化及宽幕化的流变已经完成。而立体片的形态占比为5.54%，这表明立体化的流变尚在进行。如图4-6所示。

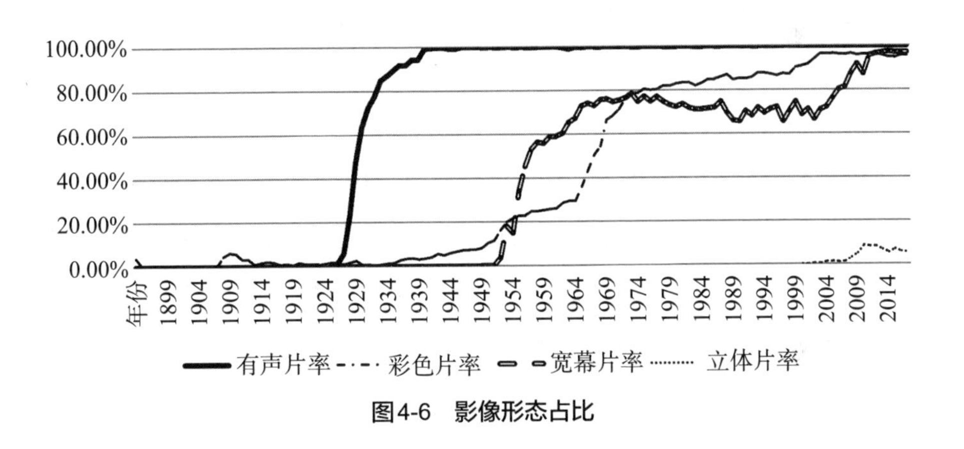

图4-6　影像形态占比

具体来说，有声片自1923年有统计数据以来，直到真正意义上第一部有声电影诞生的1927年都属于小众产品，类型占比仅1.22%；在1928年及1929年迎来爆发式的增长，两年均较上一年有4倍以上增长，1929年有声片类型占比达到23.23%，并在随后逐年递增；1931年有声片数量首次超过无声片数量；1941年有声片类型占比超过99%，基本取代了无声片。除去初期的实验阶段，有声片从开始发展到基本取代无声片仅用了14年时间。

彩色片的发展相对较复杂。根据采样结果显示，彩色片从统计的起始点1895年出现，也再次证实了电影诞生之初就开始有了对于色彩的追求，但发展一直比较缓慢，一直到1950年彩色片的影像形态占比都不足一成。从1950年开始，彩色片逐步增多，在1966—1970年五年间迎来较快增长，占比提升一倍，达到66.48%，此后增幅放缓；从1994年到1999年几乎停滞，6年间彩色片影像形态占比一直在87%左右；2000年再次迎来增长，2004年彩色片影像形态占比达到96.28%，终于让存在了一个多世纪的黑白片彻底变为小众产品。

宽幕片统计的起始点自1950年开始，但基本处于实验阶段，到1953年第一部变形宽银幕电影上映才迎来了发展，此后发展迅速，仅4年时间宽幕片影像形态占比便超过了窄幕片占据主流；但自1970年宽幕片影像形态占比达到76.06%之后一直停滞，2003年甚至下跌到66.45%；2004年再次开始增长，2012年宽幕片影像形态占比达到95.54%，让窄幕片和黑白片一样沦为小众产品。

历年MPAA的年度报告显示，立体片自2003年开始有了统计数据，此时的立体片仅为北美市场的数字立体片。但如前文所述，立体片的历史探索早在1839年摄影术发明之初便开始了，并在20世纪50年代有过短暂的高潮，但因很快就沦为边缘艺术而难以统计。直到21世纪立体片与数字技术“联姻”之后才真正迎来发展。随着2003年第一部数字立体片的出现，立体片的影像形态占比逐步提升，2011年立体片类型占比达到8.7%，但也在2013年之后出现了小幅下跌。而其未来的走向和发展也是本次研究的重点之一。

四次流变中新的影像形态占比虽然整体上涨，但流变进程风格各异，这既与各自流变的历史过程有关，也与四次流变因相互重叠而产生的“干涉”现象有关：有声片的过渡较为独立和顺利，但在1937年有声片影像形态占比首次超过九成之时，彩色片便逐渐开始发展但增速缓慢；1950年，在电视发明并兴起，由此产生外力推动电影变革产生宽幕片后，彩色片增速开始加快；1966年宽幕片快速发展占据主流后发展放缓，彩色片开始爆发式增长；1970年宽幕片发展停滞，彩色片增速相对放缓；21世纪初，当数字立体片开始出现，彩色片类型占比由原先的不足九成增长到95%左右，宽幕片影像形态占比更是由原先的七成增长至95%左右。

影像形态的流变受到科学技术、社会发展、政治格局的影响，但仅从数据上可以得出以下结论。

其一，影像形态流变过程非单一周期性。从有声化、彩色化、宽幕化三个阶段我们可以看出，不同阶段影像形态流变周期是不同的，有声化及宽幕化的周期比较短暂，彩色化的周期则相对较长，且存在周期重叠及周期跨越的情况，如彩色化的过程横跨了有声化、彩色化、宽幕化三个阶段，即存在“大流变”与“小流变”之分。

其二，影像单次流变受其他流变的正向影响呈加速趋势。如上所述，影像形态有声化流变的完成伴随着彩色化的缓速增长，宽幕化的出现和快速增长伴随着彩色片的加速增长，宽幕化的完成伴随着彩色化的快速增长，立体化的出现和缓速增长伴随着彩色片的小幅增长并完成流变，可以说一项流变的出现或完成都会催生另一项流变不同程度的加速发展。

（二）“审美心理距离”在影像形态流变中的具体变化

就“审美心理距离”而言，可以体现为量化中的影片好评率。

首先是影像形态各阶段流变中的好评率，为了更好地看出流变过程中“审美心理距离”因素的参与和作用，将单次流变中新旧影像形态好评率进行对比，并结合影像类型占比共同分析。

1.有声化流变

如图4-7所示，在有声化流变中的好评率统计中，因无声片迅速被有声片所取代，因此统计交集并不多。仅有的两年交集中，1929年无声片好评率36.11%，有声片好评率12.73%；1930年无声片好评率55%，有声片好评率13.75%，无声片好评率均大幅领先有声片好评率。

统计中，无声片因早期采集数据较少，自1920年起开始统计，到1930年间，过程中虽然有波动，但总体一直呈大幅上升趋势，从1920年的

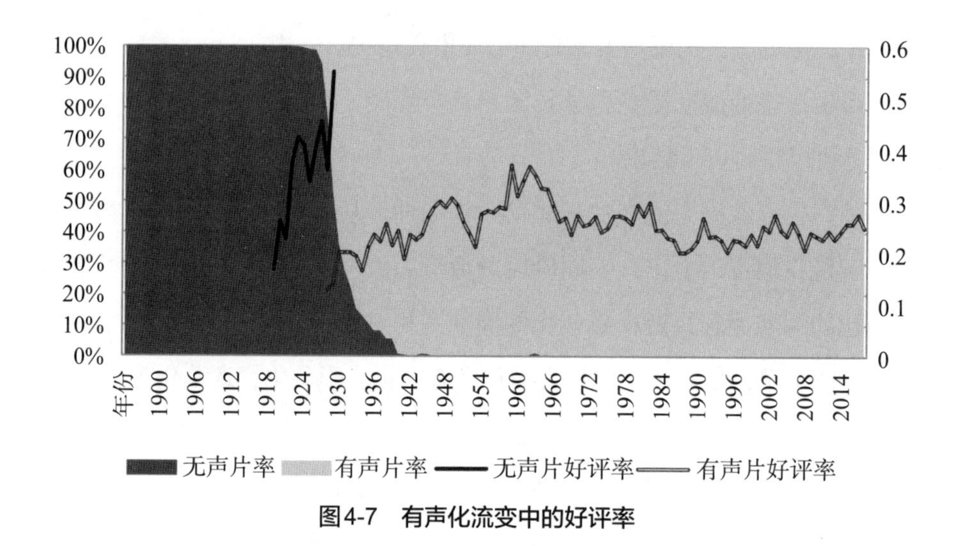

图4-7 有声化流变中的好评率

16.67%的好评率达到1930年的55%的峰值。1930年是无声片最后的辉煌，超过半数的影像形态占比和超过半数的影片好评率象征着无声片的黄金年代。可在1931年无声片影像形态占比就迅速跌落至36.43%，并因采集数量较少导致好评率无法统计，纵使佳作不断也无法避免被淘汰的命运。

有声片的好评率统计自1929年开始，当年影像形态占比23.23%，好评率12.73%；随后有声片在迅速取代无声片的同时，好评率也不断提升，有声片好评率的第一次高峰出现在1950年的30.59%；而后随着彩色片增多且好评率不高，加之彩色片几乎都是有声片，在这种“干涉”下，有声片的好评率出现下滑。直到二者质量有了提升之后，有声片在1960年达到好评率的最高峰36.96%，此后随着彩色片大量出现及宽幕片的增多，有声片的好评率一直在20%—30%震荡。

2. 彩色化流变

如图4-8及表4-1所示，在黑白片与彩色片的好评率统计中，因黑白片与彩色片共存时间较长，因此二者的影像形态好评率也有较长时间的交集。自1947年首次对彩色片好评率进行采集到1975年最后一次对黑白片好评率进行采集。29年间，黑白片的好评率均大幅高于同年的彩色片好评率，二者29年好评率平均值的差值为19.68%，最小差值为1959年的3.27%，最大差值为1973年的38.46%。

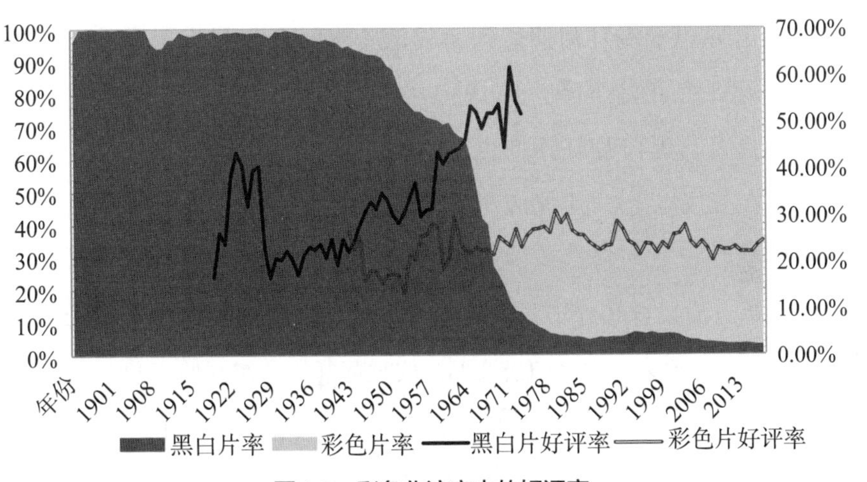

图4-8 彩色化流变中的好评率

表4-1 黑白片与彩色片年度好评率及差值

年份	1947	1948	1949	1950	1951	1952	1953	1954	1955	1956
黑白片好评率	30.68%	32.85%	31.34%	34.80%	33.10%	29.96%	28.29%	30.43%	33.65%	36.87%
彩色片好评率	15.79%	18.03%	17.86%	15.28%	17.07%	17.36%	16.99%	13.37%	21.26%	20.30%
差值	14.89%	14.82%	13.48%	19.52%	16.03%	12.60%	11.30%	17.06%	12.39%	16.57%
年份	1957	1958	1959	1960	1961	1962	1963	1964	1965	1966
黑白片好评率	29.70%	31.08%	31.32%	43.54%	40.94%	43.12%	43.73%	44.37%	46.06%	53.30%
彩色片好评率	25.34%	25.68%	28.05%	27.38%	18.42%	20.57%	29.56%	24.15%	22.22%	21.90%
差值	4.36%	5.40%	3.27%	16.16%	22.52%	22.55%	14.17%	20.22%	23.84%	31.40%
年份	1967	1968	1969	1970	1971	1972	1973	1974	1975	平均值
黑白片好评率	51.95%	48.55%	51.75%	51.81%	53.75%	44.44%	61.70%	54.39%	51.61%	41.35%
彩色片好评率	23.02%	22.27%	22.57%	21.43%	25.23%	24.23%	23.24%	26.89%	23.05%	21.67%
差值	28.93%	26.28%	29.18%	30.38%	28.52%	20.21%	38.46%	27.50%	28.56%	19.68%

在对二者的统计中，黑白片自1920年统计以来，以16.67%的好评率为起点，一路攀升，在1924年迅速达到第一个峰值43.4%，而后因有声片开始出现和增多且初期好评率较低（当时有声片为黑白片），1929年黑白片好评率开始下降，到1930年跌到谷值16.57%。此后随着有声片好评率提升，黑白片好评率也不断提升，1973年达到峰值61.7%，此后均保持在五成以上，但在1976年后因影像形态占比不足10%而达不到统计条件。

彩色片方面，自1947年彩色片好评率统计开始，由15.79%开始缓慢增长，至1959年达到第一次峰值28.05%，彼时宽幕片已经开始兴起，影像形态占比刚刚过半，而彩色片影像形态占比仅28.51%。此后随着彩色片影像形态占比增多，好评率开始出现下降，到1973年影像形态增速放缓后，彩色片好评率开始回升，1983年达到第二次峰值30.12%，此后彩色片数量逐年提升，彩色片影像形态占比也逐步提升，好评率持续震荡，再未突破三成也未跌破两成。

3. 宽幕化流变

如图4-9及表4-2所示，在窄幕片与宽幕片的好评率统计中，由于早期影片数据缺少画面宽高比的统计且可采集样本数量较总体数量太少，因此窄幕片及宽幕片的统计均从1953年开始采集。因1953年之前几乎都是窄幕

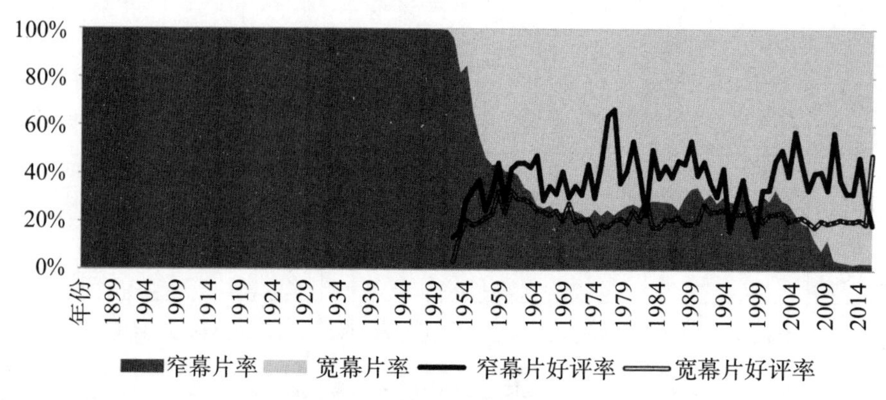

图4-9 宽幕化流变中的好评率

片，1953年及之前的好评率可依据总体好评率作为参考。在1953年采集起点至2008年窄幕片最后一次采集的56年中，窄幕片好评率除3年外，均高于宽幕片好评率，56年好评率平均值的差值为15.62%，在最大差值46.34%的1977年，窄幕片好评率是宽幕片好评率的3倍多。

表4-2 窄幕片与宽幕片年度好评率占比及差值

年份	1953	1954	1955	1956	1957	1958	1959	1960	1961	1962
窄幕片好评率	13.30%	16.11%	28.82%	33.33%	37.21%	24.55%	32.38%	44.44%	27.14%	41.94%
宽幕片好评率	3.23%	13.55%	20.57%	18.55%	19.43%	21.63%	22.86%	32.69%	23.70%	32.86%
差值	10.07%	2.56%	8.25%	14.78%	17.78%	2.92%	9.52%	11.75%	3.44%	9.08%
年份	1963	1964	1965	1966	1967	1968	1969	1970	1971	1972
窄幕片好评率	44.44%	44.59%	42.65%	47.54%	29.03%	34.85%	31.63%	40.91%	30.25%	34.94%
宽幕片好评率	29.51%	29.47%	27.85%	24.71%	24.32%	22.66%	24.70%	20.26%	27.70%	19.76%
差值	14.93%	15.12%	14.80%	22.83%	4.71%	12.19%	6.93%	20.65%	2.55%	15.18%
年代	1973	1974	1975	1976	1977	1978	1979	1980	1981	1982
窄幕片好评率	31.34%	43.94%	30.00%	44.00%	64.15%	66.67%	36.17%	41.18%	53.57%	40.38%
宽幕片好评率	21.04%	21.26%	14.53%	18.75%	17.81%	20.54%	21.45%	19.36%	24.86%	20.54%
差值	10.30%	22.68%	15.47%	25.25%	46.34%	46.13%	14.72%	21.82%	28.71%	19.84%
年代	1983	1984	1985	1986	1987	1988	1989	1990	1991	1992
窄幕片好评率	22.88%	50.00%	38.33%	43.33%	38.71%	45.45%	44.07%	53.62%	39.44%	45.00%
宽幕片好评率	30.00%	17.73%	17.63%	21.14%	20.85%	21.94%	18.98%	19.00%	20.05%	27.36%
差值	−7.12%	32.27%	20.70%	22.19%	17.86%	23.51%	25.09%	34.62%	19.39%	17.64%
年代	1993	1994	1995	1996	1997	1998	1999	2000	2001	2002
窄幕片好评率	36.25%	30.65%	42.25%	16.25%	28.17%	37.76%	23.47%	14.29%	33.33%	33.33%
宽幕片好评率	24.01%	24.42%	25.42%	23.30%	23.45%	23.51%	23.69%	26.34%	19.95%	23.10%
差值	12.24%	6.23%	16.83%	−7.05%	4.72%	14.25%	−0.22%	−12.05%	13.38%	10.23%

续表

年份	2003	2004	2005	2006	2007	2008	平均值
窄幕片好评率	45.56%	50.00%	39.19%	57.58%	44.44%	33.33%	37.82%
宽幕片好评率	23.35%	24.11%	20.39%	21.13%	21.99%	20.24%	22.20%
差值	22.21%	25.89%	18.80%	36.45%	22.45%	13.09%	15.62%

在对二者的统计中，窄幕片好评率自统计起点开始几乎一直保持着上升的趋势，1978年好评率达到顶峰，为66.67%，但此时窄幕片影像形态占比仅为22.94%，已沦为小众产品。此后窄幕片好评率震荡较大，虽有过1996年16.25%和2000年14.29%的低值，但也有过2006年57.58%的二次峰值，其余年份好评率基本都保持在三成以上。

宽幕片在1953年的统计起点仅为3.23%的好评率，当年也仅有3.68%的影像形态占比；随着宽幕片影像形态占比的迅速提升，好评率也逐年攀升，在1962年迎来32.86%的峰值，影像形态占比也达到接近六成并成为主流影像形态；此后宽幕片影像形态占比缓慢提升，好评率也一直在20%上下。

4. 总体好评率

影片总体好评率（见图4-10）自1920年开始统计就呈现出明显起伏，在1924年达到历史最高点43.4%，此后迅速回落，1930年，影片总体好评率仅16.57%，随后稳步提升，在1963年再次达到第二个峰值37.05%，此后又跌落至三成以下，最低点为1975年的24.15%，1980年迎来第三个峰值31.85%，此后一直震荡下跌，再未超过1980年的峰值，除1983年的30.5%外，再未超过三成，但也未跌落到两成以下。

结合影像史及不同阶段的影像形态占比能更好地理解这一现象。

第一次好评率峰值所在的1924年为无声片的黄金时期，彼时有声片的探索刚刚起步，无声片刚刚在不断的艺术探索中系统地整理出创造影像

图4-10　影片总体好评率

艺术的蒙太奇语言，蒙太奇的代表作品《战舰波将金号》便是1925年诞生的，从电影诞生到此时，电影艺术家第一次真正有效地掌握控制“审美心理距离”的方式，将影像作品拉到“适距”的状况中。

第二次好评率峰值所在的20世纪60年代也正是黑白片最后的黄金时期，此时一方面黑白片的创作已经十分成熟，对于黑白片，影像创作者已经懂得如何有效地控制“审美心理距离”，并在与更具真实感优势的彩色片竞争时与其并驾齐驱甚至占据主流；另一方面电影行业整体受到电视的冲击，而不得不向彩色化转变及在其他新的形式上寻找突破以求重新获得观众的青睐。

第三次好评率峰值出现在1980年，此时影像彩色化及宽幕化都趋于稳定，以好莱坞影片为代表的电影及以斯皮尔伯格、乔治·卢卡斯等为代表的年轻导演，有效利用艺术手段配合色彩及宽银幕视觉冲击，打造了一批兼具艺术性和商业性的大片。此后，电影产业迅速发展，每年出品的电影数量也迅速攀升，电影风格和手段也开始更加多样化，但基本影像手段趋于稳定，好评率也基本保持稳定。

最后，在以年代纵向成组分析了不同影像形态的好评率和影片整体好评率之后，再以不同影像形态横向对比得出表4-3。

表4-3　不同影像形态好评率

影片总体好评率	无声片好评率	有声片好评率	黑白片好评率	彩色片好评率	窄幕片好评率	宽幕片好评率
24.56%	26.91%	24.88%	30.82%	23.63%	34.44%	21.98%

为了更方便表示，除将前文所述的“适距”的“审美心理距离”概率量化为影片好评率并用PRd表示外，将不同阶段的流变以数字1、2、3依次表示，单次流变中的旧影像形态用A表示，新影像形态用B表示。即第一次流变的旧影像形态为A1，新影像形态为B1，依次类推。可以发现如下结论。

其一，单次流变中，旧影像形态的“审美心理距离”控制能力比新影像形态的“审美心理距离”控制能力要好。也就是说，旧影像形态的好评率比新影像形态要高。作为旧的影像形态存在的无声片、黑白片、窄幕片，其好评率均比新的影像形态的有声片、彩色片、宽幕片的好评率要高。即：

$$PRd(A) > PRd(B)$$

不同流变中，前一阶段流变的新影像形态的“审美心理距离”控制能力比后一阶段流变的新影像形态的“审美心理距离”要好。作为新的影像形态依次存在的有声片、彩色片、宽幕片的好评率也是依次递减的。即：

$$PRd(B1) > PRd(B2) > PRd(B3) \cdots\cdots$$

其二，总体流变中，影像形态的“审美心理距离”的控制能力与时间正相关。作为旧的影像形态的无声片、黑白片、窄幕片的好评率依次提升，但其本质不代表着不同的影像形态阶段，即无声片、黑白片、窄幕片往往是相互重叠的，因此横向比较的递增更多体现的是除新影像形态之外的旧影像形态随时间的好评率递增趋势。而单次流变的分析中，也证实了这种递增趋势在新的影像形态中也是存在的。即：

$$PRd(A) \propto t,$$

$$PRd(B) \propto t$$

（三）影像形态与“审美心理距离”的相关性验证

本次定量研究的目的之一，就是对前文提出的影像形态与“审美心理距离”的相关性进行验证。

在概率论和统计学中，相关（Correlation）被用来显示两个随机变量之间线性关系的强度和方向。在统计学中，相关的意义是用来衡量两个变量相对于其相互独立的距离。在这个广义的定义下，有许多根据数据特点而定义的用来衡量数据相关的系数。

皮尔逊积矩相关系数（Pearson product-moment correlation coefficient，又称作 PPMCC或PCCs，常用r或Pearson's r表示）用于度量两个变量X和Y之间的相关程度（线性相关），其值介于-1与1之间。在自然科学领域中，该系数广泛用于度量两个变量之间的线性相关程度。它是由卡尔·皮尔逊从弗朗西斯·高尔顿在19世纪80年代提出的想法演变而来的。这个相关系数也被称作“皮尔逊相关系数r”。

就本书存在的两个变量的研究分析而言，也将采用“皮尔逊相关系数r”作为判断影像形态与“审美心理距离”相关性的依据和标准。

判断影像形态与“审美心理距离”的相关性，并不能单纯在本次数据采集的全样本结果中进行相关性分析，而需要在充分考虑影像形态流变的实际过程及样本采集的科学性的基础上，对各次流变过程中进行限定范围的数据分别进行二次采集。这种方式可以在一定程度上避免以下两个问题：

其一，不同影像流变周期重叠的“干涉”影响。

其二，流变周期完成阶段无意义的数据。

基于以上两点，将有声化流变的数据采集区间限定在1929—1937年期间；将彩色化流变的数据采集区间限定在1947—1975年期间；将宽幕化流变的数据采集区间限定在1953—1966年期间，并得出各自流变中的“皮尔逊相关系数r”：

有声化流变中，r=0.805，属于极强相关，如图4-11所示；

彩色化流变中，r=0.501，属于中等程度相关，如图4-12所示；

宽幕化流变中，r=0.821，属于极强相关，如图4-13所示。

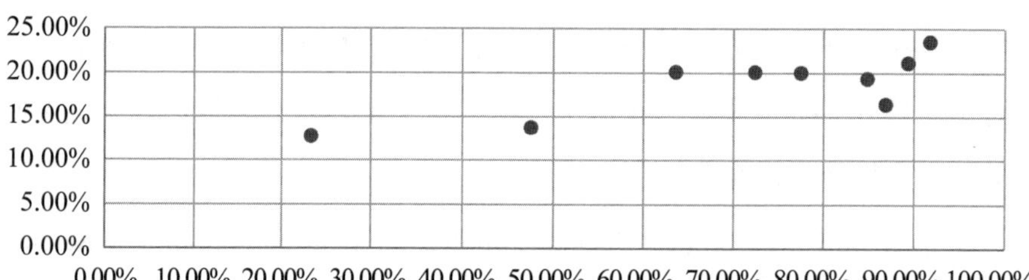

图4-11　有声化流变中的相关性

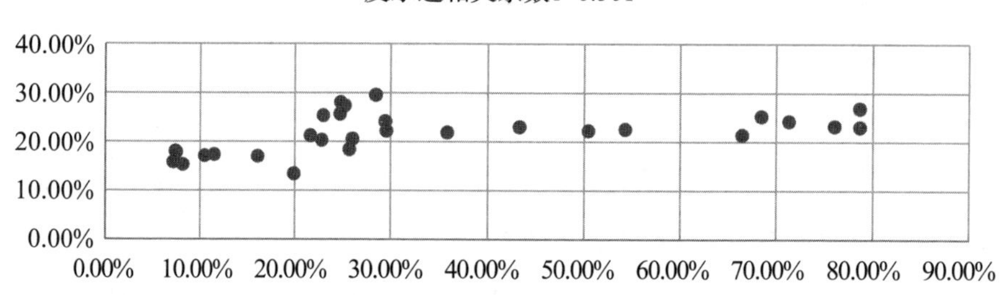

图4-12　彩色化流变中的相关性

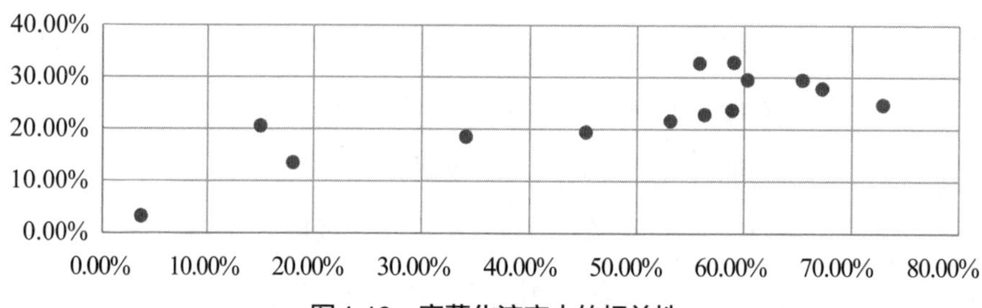

图4-13　宽幕化流变中的相关性

定量分析的结果再次验证了影像形态与“审美心理距离”存在相关性这一结论。影像形态与“审美心理距离”的相关性证明，既是从历史维度对数次影像流变历史文献中提炼观点的再次肯定，也是对于该领域中以个案现象上升到整体规律的科学佐证。实际上，证明二者相关性的过程即从“审美心理距离”理论出发归纳抽象影像流变规律的过程。

同时，不同流变中的相关性系数的差异也说明了介于影像形态与“审美心理距离”之间的第三变量的存在，这也就是我们前文论述中始终强调的社会因素的影响，这恰恰也是受到电视媒介冲击的彩色化流变的相关性系数要低于其他两者的重要原因。

第五章 影像形态规律论

前文以“审美心理距离”理论视角出发，从历史维度探析了影像形态的数次历史流变过程，并提出“审美心理距离”与影像形态之间具有相关性的初步判断。在此基础上，以大数据采样方式分别对影像形态与“审美心理距离”进行定量分析，总结了影像形态与“审美心理距离”在影像历史流变过程中的各类现象，并再次验证了二者之间的相关性判断。

定量分析中对二者相关性的再次证明，是将影像形态流变历史中个案现象的定性分析上升到整体规律的科学佐证。因此，本章将在前文论述的基础上，从影像形态的流变过程与流变方向、影像形态的流变动力、“审美心理距离”参照下的影像形态的流变趋势三方面对影像形态的流变规律进行阐述。

一、影像形态的流变过程与流变方向

（一）流变过程：缘起、困境与完成

根据历史维度的案例分析及数据维度的量化整理，可以将影像形态的流变过程分为以下三个阶段：

1. 缘起阶段

影像形态流变总是伴随着新的影像技术的出现而发生，在人类对于现实生活世界的“再现”需求的不断驱动下，新的影像技术依靠视觉元素、听觉元素及其他感觉元素的改变构成新的影像之“形”。新的影像之“形”的出现将影像客体与审美主体受众之间的“审美心理距离”急速拉近，这时因“绝对距离”最小值小于“极限距离”下限而产生“差距”现象，观众的审美体验表现为以功利心为主导的生理刺激。

2. 困境阶段

一方面，影像技术的持续发展将影像之“形”进一步完善，使得观众“审美心理距离”的“绝对距离”被进一步拉近，但对于已经产生“差距”现象的观众，影像带来的生理刺激随着时间推移逐渐转化为生理疲劳，影像形态的流变也会因此陷入困境。另一方面，影像创作者致力于控制不断被拉近的“绝对距离”，并不断尝试新的艺术手段从而构成新的影像之“态”，试图与新的影像之“形”相匹配。同时，新的影像形态及其带来的相关改变，若与当时的社会文化产生冲突，便会减缓其流变的进程；相反，若新的影像形态符合当时的社会文化发展需求，便会加速其流变的进程。

3. 完成阶段

当影像创作者不断尝试新的艺术手段构成新的影像之“态”，使之能够与新的影像之“形”相匹配之时，其审美活动的“极限距离”区间也相应随之增大。随着观众审美经验的提升，对新的影像之“形”逐渐适应，被拉近的“绝对距离”开始达到平衡并逐渐回归到“极限距离”的区间当中，“差距”现象也就由此减小乃至消失，观众的观影过程也成为良好的审美体验。

（二）流变方向：真实感追求

影像形态的流变和发展朝着越来越具备真实感的方向发展，这是影像自巴赞提出的“摄影摄像本体论”与克拉考尔认为的电影是“现实物质的还原”就一直明确的纪实特性，和观众对影像形态持续的需求所决定的。从“审美心理距离”视角来看，就是“绝对距离”越来越近。

100多年前，布洛就曾提出“主体方面往往容易犯‘距离太小’的毛病”，这似乎已对影像形态的流变方向做出了预判。从影像形态的发展历史来看，活动电影带来的动态感知、有声片带来的声音感知、彩色片带来的色彩感知、宽幕片带来的视觉感知增强、立体片带来的立体感知都是将影像朝着越来越接近真实世界的方向“仿真”化的。

虽然影像形态的流变并非一帆风顺，以至于在新的影像形态出现的节点都不乏反对之声：动态影像诞生之初，高尔基称其为“只不过是一系列幻影”；有声片诞生之初，爱森斯坦宣称其为“毁灭导演艺术”；彩色片发展至19世纪60年代，仍有一些导演和摄影师坚持拍摄黑白片；至于宽幕片及尚未完成革命周期的立体片，更是一直饱受争议。但从影像形态的量化统计结果来看，无论是否存在争议，这种方向的演进是必然且不可逆的。更具真实感、“绝对距离”更近的新的影像形态必然会取代缺乏真实感、“绝对距离”相对较远的旧的影像形态。不过，随着影像流变次数的增多，这种取代的彻底性越来越低，即新旧影像形态共存时间随着影像形态的发展越来越长。这也是影像形态流变规律中的一个显著特点。

回归到艺术本源而言，法国美学家苏里奥认为，美学和艺术学是“形式的科学”，而自然科学则是“内容的科学”。艺术之所以成为艺术，正是因为其独特的表现形态，这与更多依赖内容的科学公式、推演算法和实验应用有本质区别，形态对于各种艺术的感染力是起决定作用的，艺术之不朽，也需要借助不朽的艺术表现形态，表现形态也是艺术理论中的根本性问题。具体到视觉艺术，重要的不在于表现什么，而在于如何表现，如果脱离可感知的视觉形态，一切都是枉然。至于艺术如何被感知，则取决于人的实际需求，艺术形态的意义便取决于艺术的社会功能定位。最初产生艺术的行为来自人的体验性满足，当社会分工逐渐细化，技巧的展示和情感的交流成为艺术的主要部分，将生活情景按理想的方法和境界描绘出来，凝固转瞬即逝的东西，改变空间而供大众欣赏，这是一种艺术价值的体现，这种再现生活的艺术，也被称为“艺术模仿说”。此后艺术虽走向高于生活的另一个精神世界，但源于生活的“模仿”真实的本源是不变的。

艺术“模仿”真实来自人的本能，而人是生物性和社会性的共同体，生物性决定本能，社会性决定它能否持续。生物性首先是指人的生理功能，如五官的感受、视神经、脑细胞的功能、性本能等。所谓感觉，从生物学角度来看其实就是一大批神经元功能的产物，而基于视觉系统和听觉系统的人的视听功能也有其特定的适应性，如我们不喜欢过强的光线、过尖的声音；同时美术形式的节奏感、秩序感，适当的色彩关系，也因吻合人的生理需要而让人产生愉悦。因此，这种基于生物适应性基础之上的生理反应是构成视听效应的生理条件。艺术以各类视听形式以及自然属性同人的生理本能相适应，以“悦目”“悦耳”为能事，在这个层面可以产生感官的舒适与快感，同时也有本能的排斥与反感。例如，人对色彩调和感的本能性选择，对均衡感的天然性需要等。具体到影像艺术而言，其追求更具视听的真实感的流变方向是由人的本能，即生理条件所决定的，布洛所言的“主体方面往往容易犯‘距离太小’的毛病”，也说明了这种生理条件决定了审美主体的“差距”倾向。

从传播学的角度，这也符合莱文森在媒介进化论中提出的“补救性媒介理论”，他认为，媒介进化体现了两个目的。第一是会满足人的渴望和幻想，媒介作为人的感觉能力的延伸和扩展，是由于人的自身需求产生的。[①]第二是弥补失去的东西。因此，整个媒介进化的过程都被莱文森看成是补救的过程：广播是对报纸的补救，电视是对广播的补救，互联网则综合了对报纸、书刊、广播、通信等媒介的改进，被莱文森称为“所有补救性媒介的补救媒

① 莱文森．手机：挡不住的呼唤［M］．何道宽，译．北京：中国人民大学出版社，2004.

介”。根据“补救性媒介理论”，具体到影像技术流变，有声片是对无声片的补救，彩色片是对黑白片的补救，宽幕片是对窄幕片的补救，立体片是对平面片的补救。在肯定这种人对真实感的自身需求的流变方向的同时，也应当存在互联网式的、针对影像艺术的“所有补救性影像的补救影像”。

二、影像形态的流变动力

根据影像形态流变过程的三个阶段，可以将构成影像形态流变的动力分为：由技术创新构成的基础动力、由艺术创造构成的完成动力、由受众与受众所处社会构成的外在动力。

（一）流变的“发起者”：技术创新

影像流变的基础动力是日新月异的技术创新，这是任何影像流变发展的先决条件。

就“技术”这一命题，法国哲学家贝尔纳·斯蒂格勒（Bernard Stiegler）在《技术与时间》中探讨了技术与人的关系，他认为：“技术既使人成为人，也使人成为非人。它带着药性，也带着器官性。技术制品是人造器官，后者作为技术场景，也将深刻地影响甚至决定人，决定其未来。”斯蒂格勒认为技术是“对记忆的不断书写化的当前的最新方式。作为对记忆的书写的技术既让我们中毒，也使我们分支出新的活、做和思的方向”。

作为在人类艺术的发展历程中与科学发展最为紧密的艺术形式，影像天然地与技术有着密不可分的关系。影像制作的过程，从拍摄、拷贝到放映、保存，几乎每一个环节都离不开相应技术的参与。因此，影像的发展史亦可看作影像技术的发展史。影像这门由图像、声音、色彩等诸多要素共同形成的视听艺术，本身也是一门融合先进科技的综合性技术成果。

纵览影像形态的数次流变，世界上第一架比较完善的电影放映机的出现，让静态影像变成动态影像，推动电影的诞生；电影剪辑的发现及创造、“蒙太奇”的产生，让电影真正变为艺术；声音的引入让电影从默片变为有声片，将电影从动态的视觉艺术发展为动态的视听艺术；彩色胶片的发明真正让电影从黑白有声片变为彩色有声片，将电影再现世界的能力再次向前推进。影像形态发展历史这一系列的革新换代，无一例外都是由技术打响了革命的第一枪。

技术对于影像的意义，并非只在于促进了影像之“形”的产生，更重要的是它为影像之“态”奠定了基础，为影像的艺术表现提供了一次次更大的可能。影像每一次新的艺术形式的出现、每一种新的表现手段的使用，都受益于与之相匹配的技术因素为其提供了有力的支持，这些技术因素为电影艺术注入了新鲜的血液，使其无时无刻都充满活力。

因此，每一次科技带来的影像技术创新，都是影像形态流变的基础动力，也是每一次流变的“发起者”。

同时，技术的出现必然伴随着“审美心理距离”不断拉近，或者说技术是作为某种特殊的“引力”作用于审美主体即受众上的，而“引力场”则存在于影像客体上。这种“引力”不仅存在于个体审美中，还参与了整个影像的流变过程。个体审美中的“引力”体现为主体受众的功利性倾向，影像形态流变过程也因为“引力”的存在而趋向于越来越近的“绝对距离”。这种“引力”或因技术的突破式创新而突然增大，或因技术的完善式创新而持续增大。

（二）流变的“完成者”：艺术创造

对影像形态流变而言，技术创新带给了它生命，提供了流变的基础动力，而艺术创造给了它生机，提供了流变的完成动力。

如果说审美活动中，将技术创新视作客体影像与主体受众之间的“引力”，那么艺术创造的使命就是创造一种与之相对应的“斥力”，让审美主体受众受到远离客体影像方向的“斥力”作用，以此平衡“引力”的影响，使得主客体之间处于一种适当的“审美心理距离”，以形成良好的审美体验。

回望影像形态的发展历史：动态化的流变中，动态影像的连续性是“引力”，蒙太奇艺术手法是“斥力”；有声化的流变中，有声片中的声音渲染是“引力”，声音蒙太奇是“斥力”；彩色化的流变中，彩色片中色彩还原是“引力”，基于色彩的电影色彩学艺术是“斥力”；宽幕化的流变中，宽幕片的银幕沉浸感是“引力”，利用不同银幕宽高比创造的艺术形式是“斥力”；立体化的流变中，立体片中的立体感受是“引力”，正负视差是否能引领新的影像艺术手段的产生，便是能否产生“斥力”作为立体化革命的完成动力。

从影像形态流变的总体进程来看，技术创新的影像“引力”将“绝对距离”趋向于零，影像创作者的艺术手段所产生的“斥力”将“绝对距离”趋向于“合理”，当然也难免存在“斥力”过大使“超距”现象发生的状况。“超距”对应着与外部世界无涉的、小众的影像作品。“差距”对应着单纯强调现实反映、“绝对距离”趋向于零的功利性的影像作品。“适距”对应着技术“引力”与艺术“斥力”相等的良好审美体验，这正是无数影像创作者努力奋斗的目标。

具体到每一次的审美欣赏过程中，主体受众在技术创新“引力”与艺术创造“斥力”共同作用下形成的审美距离之上的审美体验，当“引力”远大于“斥力”时，即艺术手段控制力不足，则容易出现“差距”的纯功利性的生理刺激；当“斥力”远大于“引力”时，即过分强调艺术家的艺术手段干预，则容易出现“超距”的不切实际的空洞之感或变为小众艺术形式；只有当“引力”“斥力”相仿，彼此作用，将“绝对距离”控制在“极限距离”区间内，才能形成良好的审美体验。

同时，必须强调，“引力”与“斥力”并非一定共存，“引力”来自新技术的出现，是第一性的，而“斥力”来自“引力”产生之后的艺术创造，

“斥力”能否产生取决于艺术手段是否有效，是第二性的。关于这个问题，可以借鉴保罗·莱文森提出的“玩具、镜子和艺术”的媒介个体进化规律来解释。莱文森认为，一种新的媒介初入社会时往往只是一种玩物，在社会中仅仅处于非主流的边缘地位，随着技术的不断成熟，其再现生活的能力也不断增强，慢慢能够作为“生活之镜”，最后随着其艺术手段的加入逐渐蜕变为稀有的艺术品。与“玩具、镜子和艺术”类似，影像流变的过程亦是如此，影像的数次革命无一不经历了从技术发明的实验室玩具、到技术成熟的真实之镜、再到艺术参与的新的艺术形式，前两个阶段由技术参与，第三阶段由艺术参与，而大众往往对第二、第三阶段较为熟知，因此也可以说是先“技”后“艺”的流变规律，故技术与所产生的“引力”是第一性的，艺术与所产生的“斥力”是第二性的。

因此，第一性的“引力”会一直存在，而第二性的“斥力”会随着客观条件的变化而变化。无论是审美个体的不同，还是因时空条件改变而导致的审美个体审美经验的改变，“斥力”都会改变。这个道理可以解释很多口碑两极分化严重的作品。同样一部作品，一部分人因与作品所表达的精神内核高度相似或者作品情节与生活经验相仿而产生“共情”心理，从而获得较好的审美体验，另一部分人则因为作品内容距离自己过远而无法欣赏。

（三）流变的“催化者”：受众与受众所处的社会

由技术创新作为基础动力、由艺术创造作为完成动力，并产生“引力”与“斥力”，推动着影像形态流变的开始与完成，这两种动力均属影像的内在因素，属于内在动力。但同时，影像形态的流变也会受到来自审美中的受众以及受众所处的社会文化等因素的影响，这种影响虽不是决定性的，但也对影像的流变产生了加速或减缓甚至停滞的“催化”作用。受众与受众所处的社会也构成了影像形态流变的外在动力。

所谓外在动力，是指受众对于影像形态的接受程度，以及影像形态及其影响与所处社会环境的匹配程度，即流变需要建立在当下人的可接受范围与社会可容纳范围的基础之上。影像形态的流变，其速度和进程应与当前时代的人和社会所处的环境匹配共存，不能太过超前而导致与当前受众无法共融而处于长期“差距”的状况之中。

当然，影像的发展历史中并非不存在这样的例子，其中关于立体电影的尝试当属典型。在静态影像时期就开始有关于立体镜发明的立体影像了，对于立体化的尝试几乎伴随着影像的每个发展阶段。直到20世纪50年代，立体技术迎来实质性突破，但却因远远超过了当时受众的审美经验、呈现题材也不能被当时的社会文化所接受而草草收场。到20世纪70年代，立体片已经逐渐沦为依赖于色情、暴力的视觉刺激的功利性边缘产品。这便是由受众和受众所处的社会作为外在动力对影像形态流变产生了反向的“催化”作用，使立体化流变停滞了。21世纪立体影像的二次发展既可以看作与数字联姻后的技术成熟，也应当看作受众和受众所处的社会的认知、审美的发展与进步。当外在动力不再成为阻碍，转而对流变的产生构成正向激励作用时，流变的进程也会因此加速。

历史上，外在动力“催化”作用的另一个典型案例就是在彩色化流变过程中的电影与电视之争。从1940年代中晚期开始，电视在家庭单位中的普及率不断上升，而此时电影仍然停留在黑白片和彩色片的争论之中，在影像创作者对色彩处理尚显稚嫩之时，大多数人仍然坚持选择更精致的黑白片进行创作，彩色化流变也陷入停滞的困境。但从1960年起，彩色电视开始进入家庭，面对这种走入家庭的新的影像媒介形式，出于商业属性的考量，电影公司不得不放弃黑白影像，逼迫影像创作者不得不在彩色片中寻找新的艺术手段。最终形成关于色彩艺术的影像之“态”。这个过程中，来自社会需求对彩色化流变的外在动力“催化”作用是具有重大意义的。

“媒介技术的每一次进步都浸透着人类渴望突破自身交流困境的努力，而每一种新的媒介技术的使用和普及都在其特殊的社会文化背景之中形成一种全新的交流构型。”[①]所以，新媒介要在现实环境中得到认可和生存，就必须找到合适的媒介生态位。决定技术成功与否的环境本身，是存在的各种方式和侧面的组合。在环境学者的研究中，时间和空间是构成环境的两个重要因素。不同的媒介时代，人类对偏向时间的媒介和偏向空间的媒介的需求会有不同，因此环境的不同决定了媒介进化的取舍，而对于人的理性来说，所有的媒介进化都是权衡的结果。

从影像客体出发，由技术创新的“引力”与艺术创造的“斥力”共同形成了以客体为参照系的“绝对距离”，推动了流变的开始与完成。

但只有在此基础上兼顾由受众主体决定的“极限距离”，形成以主体为参照系的“相对距离”才是真正决定影像“差距”“超距”“适距”现象并决定流变能否驱动的根本动力。

当新的影像形态过于超前，即“绝对距离”的区间远大于“极限距离”区间，那么，“相对距离”区间过大，流变也难以形成，新的影像形态只能沦为昙花一现；当新的影像形态与当前社会基本相容，“相对距离”差别不大，则流变开始产生动力，新的影像形态开始增多并逐渐代替旧的影像形态；当新的影像形态已经被社会完全接受，“相对距离”趋向于零，或“绝对距离”已在“极限距离”之内，即处于“适距”状况，则代表当前流变已经基本完成，新的影像形态已经基本占据主流。

三、“审美心理距离”参照下的影像形态的流变趋势

（一）内在动力作用下的“绝对距离”

随着影像形态的流变，其具体呈现方式朝着丰富与多元化方向发展，

---

① 杨陶玉．媒介进化论：从保罗·莱文森说起［J］．东南传播，2009（3）：28-29.

因此，随着技术创新的“引力”以及艺术创造的“斥力”在动态中平衡，其“引力”与“斥力”也在不断增大。因此“绝对距离”区间△Ad越来越大，并随流变过程趋于正向发展。

具体而言，在不考虑不同周期重叠性的理想状况下，既然艺术创造作为第二性的存在，在新的影像形态流变初期，艺术“斥力”会出现短暂的失效，“绝对距离”最大值Ad（max）的增长会在新的影像形态流变初期面临探索期的停滞。直到新的影像之“态”出现，Ad（max）会随着艺术手段增强呈正向线性增大的趋势。

作为第一性存在的技术创新，其作用及产生的“引力”是贯穿始终的，但也因技术创新程度不同而体现在不同阶段。在影像技术出现革命性突破的影像流变初期，受到突然增大的“引力”影响，“绝对距离”最小值Ad（min）呈现“断崖式”下跌。在流变过程中，随着影像技术的不断完善，Ad（min）依旧呈现出线性负向下跌的趋势。

无论是Ad（max）还是Ad（min），都随影像流变的周期在各自外在动力的作用下周期性变化，如图5-1所示。

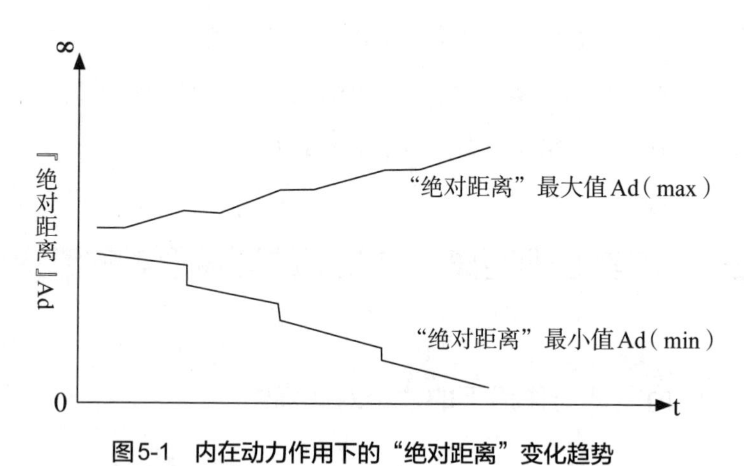

图5-1　内在动力作用下的“绝对距离”变化趋势

（二）外在动力作用下的“极限距离”

作为外在动力作用下的“极限距离”，随着受众审美经验的上升以及社会文化的多元发展，呈现出“极限距离”区间△Dl不断增大的趋势，并且这种趋势对于追求生理刺激的“差距”越来越能被接受，对于小众艺术的“超距”审美能力不断提高，也就是“极限距离”上限Dl（max）越来越高，呈正向线性增大；“极限距离”下限Dl（min）越来越低，呈负向线性减少，如图5-2所示。

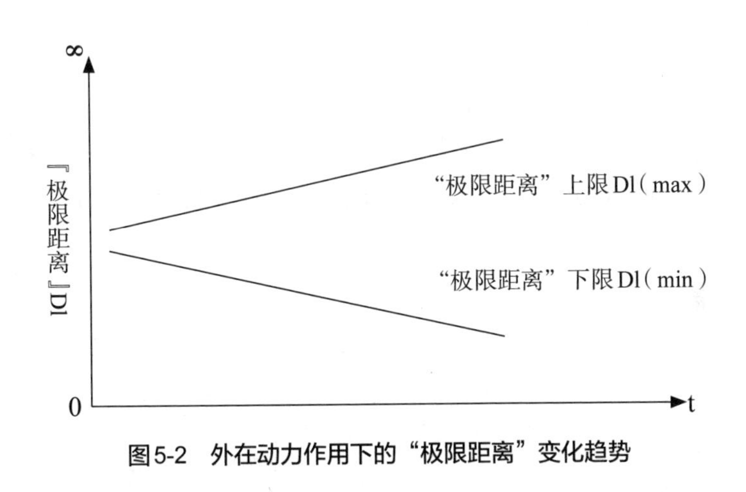

图5-2　外在动力作用下的“极限距离”变化趋势

“极限距离”区间△Dl范围之内的影像处于布洛所说的“适距”范围之中。“适距”的影像同时受到相仿的技术“引力”与艺术“斥力”作用。对于“适距”的影像客体，技术“引力”会持续作用，而艺术“斥力”会随主客体关系的变化而变化。因而处于“极限距离”区间之内的影像并非恒定的，既可能因为所需审美经验的时空局限性褪去，成为某一时间段的流行影片，也可能因为审美经验的跨时空共识性而成为传世经典。

（三）内外动力共同作用下的“相对距离”

“相对距离”区间△Rd产生于“绝对距离”与“极限距离”的差值区

间，并伴随着“差距”与“超距”现象出现。所以，“相对距离”也是在由决定“绝对距离”的内在动力与决定“极限距离”的外在动力的共同作用下形成的。

量化结果中，影片好评率PRd实为合适的“审美心理距离”所占的比例，或者说△Rd=0的比例，即PRd。其上升与下跌的周期性震荡也就表明了“适距”情况所占的比例。

与之相对应，影片非好评率实为“差距”及“超距”现象所占的比例，或者说△Rd≠0的比例，即1−PRd。当△Rd≠0时，

$$\triangle Rd(min)=\triangle[Ad(min),Dl(min)];$$

$$\triangle Rd(max)=\triangle[Dl(max),Ad(max)]$$

因此，综合影像流变中“绝对距离”与“极限距离”的变化趋势，“相对距离”上区间△Rd(max)及“相对距离”下区间△Rd(min)的趋势如图5-3所示。

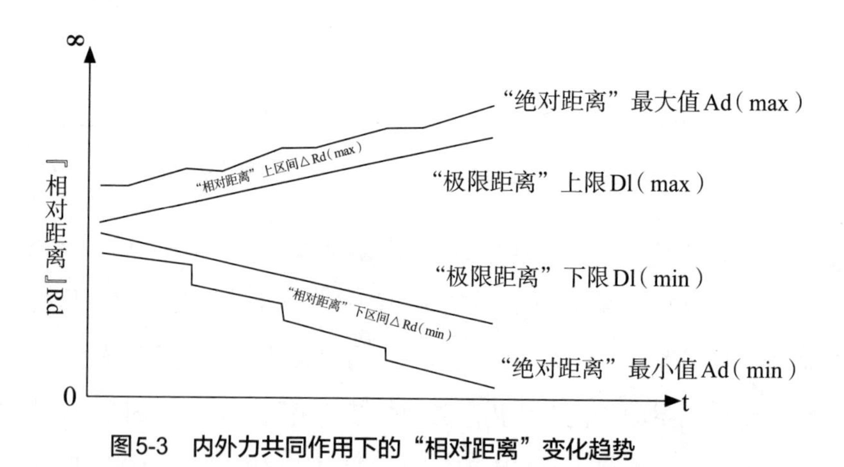

图5-3　内外力共同作用下的“相对距离”变化趋势

处于“相对距离”上区间△Rd(max)的影像，也就是布洛所说的感受空洞、乏味的“差距”状况中的影像，其艺术“斥力”大于技术“引力”，往往比较恒定，亦可成为专供某一类人欣赏而设计的小众艺术。

处于“相对距离”下区间△Rd（min）的影像，即布洛描述的“粗鄙的自然主义”的“超距”状况下的影像，其技术“引力”大于艺术“斥力”，实则已沦为功利驱动的生理刺激，并会随着时间推移转变为生理疲劳而彻底丧失审美体验。

第六章　影像形态发展论

人类历史进程中的无数经验告诉我们，无论是人类还是自然，均要按照一定的规律发展，并且这种规律将贯穿着事物发展过程的始终。开始如此，过程如此，将来也必然如此。规律是反复起作用的，只要具备必要的条件，合乎规律的现象就必然重复出现。因此，对于“审美心理距离”视域下影像形态流变的规律总结，其目的不仅是影像形态历史的梳理与归纳，更大的意义在于以此规律分析当下现象并指导其不断完善，并按照发展趋势判断未来影像形态的发展方向——这是本研究的初衷和目的，也是本书的价值所在。

本章从画面、动态、声音、色彩及画幅比例等方面对当下影像形态发展现状及创新进行梳理，探讨了VR影像作为影像形态流变未来的必然性，从技术缘起、审美困境与艺术探索等方面对影像虚拟现实化流变现状进行总结，并根据影像形态流变规律中的流变方向及流变动力对VR影像的未来发展做出判断。

一、当下影像形态的创新之处

动态化、有声化、彩色化、宽幕化的流变业已完成，但完成并不意味着完结，影像形态在画面、动态、声音、色彩、画幅比例等视听元素方面并没有停下创新的脚步。在立体片的流变尚未完成的今天，影像形态仍在对前阶段的内容进行着新的突破。

（一）视觉感知的画面清晰度

从影像形态的流变方向规律中可以看出，“生物性的真实感追求决定流变的发展方向”，因此，更高清晰度的影像带来的更真实的视觉体验，能够从画面元素方面将“审美心理距离”继续拉近，这也符合影像形态的未来发展方向。

在这里需要解释清楚三个常被混淆的概念，即“清晰度”、“像素”和“分辨率”。“清晰度”是指人眼基于视网膜生物性特征能够看到的画面的清晰程度，也是一种基于播放终端的主观感受。但是如同声音大小的分贝一样，清晰度这种主观感受也是可以进行定量测试的，即用黑白相间的线条的粗细来衡量，并有标准的测试方法及明确的单位。“像素”与“分辨率”的出现则是在影像进入数字化阶段之后。大众通常所说的“分辨率”是一种不严谨的说法，实际上表示的是“像素”。“像素”并非人的主观感觉，而是一种基于数字化终端、用于表示影像品质的客观技术指标，一般用“水平像素 × 垂直像素”来表达，每一个像素代表一个有效像素点，如我们现在所谓“4K”即为水平像素上有4096个像素点。真正意义上的“分辨率”是指单位长度包含像素点的数量，通常以每英寸像素（pixels per inch，ppi）为单位来表示。一般情况下，分辨率越高代表图像清晰度越高，但清晰度并非仅与分辨率有关，后文会详细解释。

因此，高清晰度一般是基于数字时代的说法，但在传统胶片中，关于清晰度的标准也一直存在。1953年基于裁切技术制作的宽银幕电影《原野奇侠》正是因为放大尺寸导致颗粒感严重而被淘汰，本质原因即清晰度不足。根据胶片光栅清晰度测试显示，不管整个影像是35毫米还是16毫米的，影片的最小可分辨细节的尺寸是0.006毫米。对于35毫米影片来说，横跨影片宽度有4096（24.57/0.006）个细节或者“点”。而对于16毫米影片来说，则具有2048（12.35/0.006）个点。[①] 因此，正如表6-1所示，以35毫米为摄制标准的胶片电影在保证拍摄曝光控制、胶片质量及洗印水平的基础上，影像清晰度是能够保证的，并能够超过当下数字放映主流的2K标准，更不用提及65毫米等更大的胶片尺寸规格。在当下影像清晰度尚未达到人眼极限的情况下，更高分辨率带来的更高清晰度，即更多影像画面中的细节，实际上就是一次“影像真实感”的再次逼近。当然，高清晰度追求的实现与极限清晰度的追近最终也取决于数字成像技术、光学技术、显像技术等核心技术的发展。

表6-1　不同胶片规格对应像素

胶片规格	宽 × 高（SMPTE/ISO摄影机片窗）	像素数
S16毫米	12.35毫米 × 7.42毫米	2058 × 1237
S35毫米	24.92毫米 × 18.67毫米	4153 × 3112
65毫米	52.48毫米 × 23.01毫米	8746 × 3835

（二）动态感知的帧速率

动态影像的发展经历了牛顿和达赛爵士提出“视觉暂留原理”、艾迪安·马莱发明了每秒12格的马莱摄影枪、帧速率因有声片出现从最初的每秒16格提高到每秒24格等阶段。从19世纪20年代末到今天，人们对每秒24格的帧速率的挑战从未停止过，技术人员和创作者基于多种理由均已试过将每秒24格提高到每秒30格、每秒60格甚至更高，但百余年过去，每秒24格仍然是雷打不动的标准，所有尝试都没有成功。真正获得一定成功的是2013年彼得·杰克逊的《霍比特人：意外旅程》首次推出的48格电影版本，并在随后两部续集中继续采用这一规格，但因放映条件、成本等一直无

① KIENING H.4K+系统：电影影像形成过程的理论基础（上）[J].孙延禄，译.现代电影技术，2009（6）：15-21.

法普及。2016年，李安使用了创新的工作流程来拍摄120帧的《比利·林恩的中场战事》。彼时全球可供放映120帧版本的电影院仅5家。2019年，在高帧率电影创新口碑与票房一般的情况下，李安再度推出120帧高帧率电影《双子杀手》，但票房与口碑均不理想。《波士顿环球报》认为“高帧率让人觉得这不像是我们熟悉的电影，而《双子杀手》本身作为电影过于单薄”①。

不可否认，《比利·林恩的中场战事》及《双子杀手》在商业上的失败很大一部分原因是其为了追求创新而放逐了“叙事”。但从受众审美习惯来看，每秒24格作为电影的经典帧速率已经成为一个标志或者习惯，甚至有人将每秒24格带来的观影体验称为“电影感”。这正是他们心目中电影区别于更加流畅的50帧高清电视或者120帧电竞游戏的本质区别，不同的帧速率对应着不同的艺术形式似乎是一种约定俗成的概念而难以被打破。但这种约定俗成本质上并不能站得住脚。细究电影史的发展，电影帧速率最初也是由无声片时代的每秒16格发展而来，若以“情怀论”看，那么每秒16格更具历史意义。其后有声片时代改用每秒24格而非更高的帧速率，在一定程度上也是出于技术条件的限制及成本控制的原因。所以当电影以高帧率影像形式出现的时候，“真实感”的极大增强带来的是前所未有的视觉刺激，即“审美心理距离”急速地拉近，甚至有的评论家认为这种过于真实的追求反而会分散观众在观看时的注意力，把过多的精力用于分解形式而忽略了其内容。

道格拉斯·特朗布尔（Douglas Trumbull）于1970年发明了60帧的高帧率电影技术，并致力于这项新技术的推广与应用。特朗布尔认为，高帧率电影较传统的每秒24格影像可以带来更为顺畅的观影体验，在表现运动物体时也有效避免了低帧速率带来的拖尾等现象。此外，更高的帧速率带来更高的刷新频率，也有效降低了图像频闪的产生，这些优势都让高帧率

① 李婷.去一个新世界，李安值得［N］.环球时报，2019-10-18（12）.

电影更能够打动观众。

纽约大学从事视觉研究的科学家劳丽·M. 威尔考克斯（Laurie M. Wilcox）和罗伯特·S. 埃里森（Robert S. Allison）试图进行更为细致的科学研究来证明人们对高帧率影像的偏好。在他们的实验中，观影者要在真实感、清晰度、立体深度质量以及图像运动流畅性这四个指标上，分别对不同帧速率影片进行打分。实验结果表明，在所有四项技术指标中，高帧率版本的电影片段均获得了最高的分数。[①]除此之外的其他相关实验，无论是从认知科学还是视觉心理学方面，都最终证实了特朗布尔的推断。

（三）听觉感知的声音元素

1889年爱迪生发明了同步活动视镜与留声机的"电影风"，并首次用于有声片的制作；1927年，《爵士歌王》上映，观众第一次听到主角开口说话，第一部真正意义上的有声片诞生了。但这些仅是影像形态有声化的开端。

此后，从1940年世界上首部立体声电影《幻想曲》，到1992年世界上首部5.1环绕立体声电影《蝙蝠侠归来》，再到2010年世界上首部7.1环绕立体声电影《玩具总动员3》，仅半个多世纪的时间，影像有声化的发展从无到有，从仅能听到声音的单声道，到可以体验出声音运动变化的立体声，再过渡至被声音包围的环绕声，遵循影像形态发展的方向——"生物性的真实感追求决定流变的发展方向"，影像声音技术也朝着"终极还原"这一终极目标不断迈进。

然而这远远不够，现行的影像声音技术也存在着声场环境的扬声器方向较少、声道过渡不自然及低频响应不够平滑、只能回访二维空间声音而

---

① WILCOX L M，ALLISON R S，HELLIKER J，et al.Evidence that viewers prefer higher frame-rate film［J］.ACM transactions on applied perception，2015（4）：1-15.

缺少垂直方向的声场等问题。

2012年4月24日，杜比实验室发布了“杜比全景声”这一全新的影院音频平台，并在同年6月由华特迪士尼电影公司与皮克斯动画工作室联合出品了首部采用杜比全景声制作的电影《勇敢传说》，这一举措也被认为是让影像声音技术正式迈入全景环绕声的标志。

当然，除了“杜比全景声”，诸如比利时巴克公司（Barco）的Auro-3D技术、德国的IOSONO-3D技术、“中国多维声”都属于不同技术方式下的全景环绕声。所谓全景环绕声，即无论观众在影院何处，都能感受到声音的位置及运动，它所带来的听觉冲击甚至要超过听惯立体声的人突然去听5.1声道环绕声的效果。如果拿影像画面来做比较，平面片到立体片需要额外佩戴立体眼镜才能进行审美活动，而全景环绕声则不需要附加媒介，即不需要改变受众的原生性审美行为，且过渡到更加细腻的声道也如同影像清晰度从标清到高清、从高清到超高清的过程。全景声不同于传统影像声音技术，其独特之处不只在于改变过去基于声道控制的创作思路，而是将声音按照不同频率分割成无数的区间，每个区间对应着不同的扬声器，通过声场控制将不同频率的音频准确地按照声场位置传送到一个或多个扬声器中。同时，纵向的扬声器的加入让声场由平面变为立体，人们将完整地听到画面内和画面外的声音内容，达到类似全景画面的全景式声音感受。

当下，全景环绕声的推广和普及受制于技术流程的规范整合、院线放映的兼容升级等因素，尚处于发展阶段。但全景环绕声带着“将声音最接近真实地还原”的目的，同样代表着影像声音元素在影像形态流变中的发展方向。同时，如何在带来听觉盛宴以拉近“绝对距离”下限的基础上，利用立体声学参与叙事构建新的影像语法才是在影像形态前进中拉回“极限距离”区间应当思考的问题。此外，就技术层面而言，从放映厅的大小、形状、观众席的座位设置到每个观众的位置，都会影响审美活动中听觉接受的差异，如何让每个观众获得统一的声音感受，从而准确传达艺术创作者的创作想法，也是亟待解决的技术问题。

（四）真彩感知的色彩范围

影像形态在色彩方面的突破主要体现在色彩范围与动态范围上。

色彩范围在数字时代一般被称作色域（color space），抑或是色彩空间。原是指用特定的色彩组织方式，可以用模拟或者数字的方式再现色彩，而更多时候，我们以色域来指代在此意义下能够产生色彩的总的技术指标的统称。色域域值的上限为自然界中可见光的光谱，这也就代表了所有人眼能够观察到的颜色的总和，我们通常用CIELAB色域来表示。设备的色域空间大小与设备、介质和观察条件有关。设备的色域越大，表明能够再现的颜色越多。

胶片时代，其色彩取决于胶片感光乳剂的光谱特性和后期冲印时的配光工艺。根据色彩还原特性的不同，生产厂家会为每种型号的胶片测定光谱感应曲线和染料密度曲线。进入数字时代，当把电影摄影常用的5219/7219等彩色负片的光谱感应曲线转化成基于CIELAB色彩标准的色域图时，可以较为直观地判断其色彩特性。因此，如图6-1所示，可以看到，

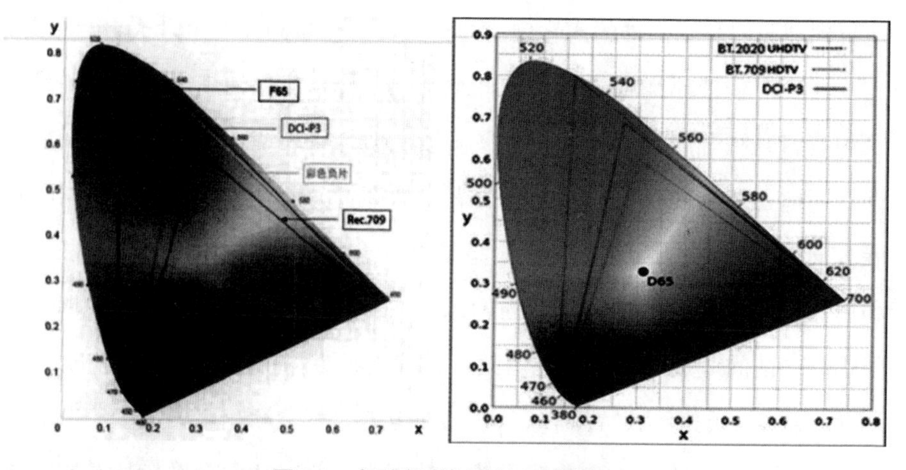

图6-1　各种色彩标准的色域范围

无论是现阶段数字电影主流的DCI-P3及高清电视的Rec.709均小于彩色负片的色域，影像的色彩范围进入数字化时代之后反而出现了倒退。

因此，提高影像的色彩范围变成了进入数字化时代之后不得不面对的问题。2011年，索尼公司推出的CineAlta系列数字摄影机的最高规格产品F65已经可以记录超越彩色负片的色彩范围，让数字摄影技术真正成为胶片可靠的代替品。行业标准上，超高清论坛（Ultra HD Forum）将比Rec.709更广的色域定义为广色域（Wide Color Gamut，WCG），其中便包括了DCI-P3、Adobe RGB和2012年8月国际电信联盟（International Telecommunication Union，ITU）刚刚发布的4K超高清电视广播技术规范Rec.2020，其中Rec.2020色域已经超过了彩色负片，比高清标准的Rec.709提高了70%。色域范围的提升也使画面色彩更加丰富，并提供了一个更接近真实世界颜色的影像。

同时，为了更好地匹配广色域影像的制作流程，美国电影艺术与科学院建立了学院色彩编码系统ACES，提供了一个超出人眼可见色彩范围的超大空间，给影像制作中的彩色统一和色彩保留创造了条件与统一标准。可以从一个足够大的色域框架中映射到对应的色域当中保证整个流程内图片的逼真度与各个环节色彩空间的统一。这也推动了广色域的规范，让色彩朝着影像真实化的方向继续发展。

影像色彩的另一项发展在于动态范围的提升上。所谓动态范围指的是最亮的白色和最暗的黑色的比率。这里需区别两个常被混淆的概念，“动态范围”与“宽容度”。根据维基百科的解释，动态范围指的是一个变量在最大值与最小值之间的比例，而宽容度指的是感光材料在过曝和欠曝可接受值之间的范围。这个可接受程度取决于个人的审美倾向和艺术意图，更大的宽容度能够让曝光过程中的错误得到补偿和修正，从而保证更好的画质。因此拥有更高动态范围的存储媒介可以保存更好的明暗细节，宽容度则取决于动态范围。如果同一个场景的光线全部信息小于存储媒介可达到的范围，则曝光可直接依照动态范围转换而不丢失任何亮部或阴影的细节信息。因此，如果说动态范围是水缸，宽容度则相当于水缸里的水，宽容度是相对动态的，其最大值为一个动态范围。

人眼因其生物特性根据神经控制视网膜，因此具有了根据光线强弱随时调节的能力。科学家曾测算出人眼具有50000左右的动态范围，即肉眼所能察觉到的最亮光线的亮度是其能察觉到的最暗光线亮度的50000倍，如果按照宽容度的档位计算，即最大宽容度为15.6档。《美国纽约电影学院摄影教材》一书中曾提到柯达专业黑白胶片Tri-X的动态范围为500左右，即最大宽容度为9，彩色胶片则更窄。因此，无论是电影摄影还是图片摄影中，都存在灯光照明的使用及曝光控制的技术，其目的一方面为造型塑造，另一方面也是通过灯光来控制光线明暗以让图像信息放在可被记录的动态范围之内，根本原因在于影像动态范围的不足。这一问题在数字时代初期更为明显，数字电影摄影机及电视摄像机在产生初期宽容度不及胶片，现阶段的标准动态范围（Standard Dynamic Rang，SDR）为8bit的色深，即动态范围仅为256，在放映时则表现为画面的高光部分亮度不足和画面对比度不高而产生不通透之感。

由此，一个被称为高动态范围的（High Dynamic Range，HDR）的概念被提出，用来实现比SDR更大的动态范围。2016年7月4日，ITU在其官方网站发布的Rec.2100推荐规范，定义了HDR视频的各个方面，具备10档的最大宽容度，即1024的动态范围，已超过胶片。随后，杜比实验室也开发了针对HDR的格式杜比视界（Dolby Vision），12bit的位深朝着人眼最大动态范围迈进，可记录0—10000尼特的亮度范围已接近人眼极限的20000尼特。配合两台科视激光放映机能够达到1000000∶1的对比度，相当于普通影院的500倍，在让画面呈现高亮度的同时，还能表现出更深邃的暗部，带来丰富的明暗细节，理论上已经超过人眼的最大可接受对比度。

由于自然界中可见光色彩丰富且动态范围较大，因此在表现自然风光的画面层次时，广色域与高动态范围的技术优势尤为明显。也就是说，在广色域与高动态范围的技术加持下，影像形态朝着“真实感追求”这一流变方向继续向前迈进，而当新的影像之“形”产生时，新的影像美学体系也应当随之建立。

（五）视线自由的银幕尺寸

20世纪60年代影像由窄幕走向宽幕，随之带来的画面宽高比的变化，是为了与电视竞争，为了增加电影的视觉冲击而对银幕尺寸的增大，随之而来的IMAX等巨幕电影的出现也正是源于此，目的是带来大银幕笼罩下的身临其境的“真实感”。在此基础上也出现了180°环绕的环幕，其中最为极端的就是球幕电影。

球幕电影又称“圆穹电影”或“穹幕电影”。世界上最早的球幕电影诞生于1939年纽约举行的一次世界博览会上。后来经过不断改良逐渐发展为观众厅呈圆顶式结构、银幕呈半球形的大银幕。观众被包裹在内，看银幕如观苍穹。由于放映视域范围可达前后180°、左右360°，银幕自观众面前延至身后，目光所及之处均为影像画面，使观众如置身其中。根据视觉理论，人的视域范围一旦超过150°，就会产生身临其境的效果。1975年意大利心理学家米哈里·契克森米哈赖（Mihaly Csikszentmihalyi）提出的沉浸理论（flow theory），是对这种现象的最好解释：“当人们在进行某些日常活动时会完全投入情境当中，集中注意力，并且过滤掉所有不相关的知觉，进入一种沉浸的状态。”

早期的球幕电影有各种格式，根据银幕和曲面方向也曾分为内球幕（图6-2）和外球幕（图6-3）。如今的球幕电影多指内球幕电影，最典型的为IMAX公司开发的OmniMAX球幕技术，使用70毫米胶片，摄影和放映均采用鱼眼镜头，放映的影像也呈半球形，投影范围达到160°，并伴有环绕声。如今数字化时代，球幕电影也转变为数字放映的大型球幕电影

图6-2　内球幕电影技术

图6-3　外球幕电影技术

（fulldome digital movie），其投影仪由多个高分辨率的数字投影仪加鱼眼镜头组合来模拟胶片式的单鱼眼投影，将投影范围扩展到180°。

由于缺少画面的边框，球幕完全打破了现有影像特征。在表现形式上，由于缺少与之相对应的成熟的艺术形态，目前主要用于科普的呈现成为科学馆、博物馆的小众产品而并未真正走入院线。

（六）多感官参与、多媒介融合的影像形态

除上述在画面、动态、声音、色彩、画幅比例上的变化与创新外，影

像形态的发展还出现了如下现象：

1. 影像形态的审美活动出现多感官参与现象

多感官参与主要是针对立体电影及球幕电影而言的，加入环境特效仿真而组成的新型影像产品，一般被称作4D（四维）电影。同时配合立体影像或球幕影像及周围环境模拟四维空间，观众在观看电影时，随着影像内容的发展，可实时感受到风雨雷电、冷热干湿、拍打撞击等影像对应的事件，如通过座椅的喷水喷气、影院的下雨喷雾等功能，将触觉、嗅觉等视听以外的感官调动起来，加入观影之中，甚至可以说用“感”影代替“观”影更为合适。在此基础上的5D（五维）电影则是将“感”影再次升级，在立体电影与环境特效构成的四维空间的基础上再加入特效座椅参与互动构成五维空间，模拟真实运动与剧情互动，虽然仅仅是通过座椅位移模拟剧情中的运动，但已是从“观”到“感”再到“动”的尝试。

2. 影像形态的创作方式呈现多媒介融合趋势

所谓多媒介融合，首先建立在多样化的基础上。计算机的发展使得媒介形态越来越多样，而影像技术更是存在于各个媒介终端上。影院、电视机和电脑之外，从智能手机到平板电脑，从户外大屏到电子相框，甚至电子手表、智能冰箱，影像可以出现在一切可想象的空间中。而在此基础上，随着被保罗·莱文森称为“所有补救性媒介的补救媒介”的互联网的出现，以及逐渐形成“万物互联”的物联网的发展，不同的媒介也正在融合。2020年初的新冠肺炎疫情，间接促成了电影《囧妈》在网络上进行首映，相比于此前电影在电视上播出，电视首映在影院里，互联网似乎已经囊括了所有过往的影像产品。媒介融合之下，过往泾渭分明、存在于不同媒介基础之上的影像产品之间的鸿沟也逐渐消弭。此外，被动接受的影像产品在网络的催生下，其互动性也较过往有极大提升，过去我们对于影像的反馈要么存在于影院的小众范围内，要么只能在定期的报纸杂志中看到评论家和编辑的只言片语。而如今，各类网站的点评让观众的反馈可以被全世界每一个人看到，近年兴起的实时弹幕评论更是可以让观众之间的互动存在于每次观影之中。

二、影像流变规律之下VR影像的必然性

（一）“发生”的必然性

如同有声片、彩色片、宽幕片、立体片在诞生初期所经历的一样，面对当下各类影像形态的创新，无论是观众、业内学者，还是影像从业者、影像服务商，大部分人均对超过当前审美范畴的影像形态持怀疑态度。

VR影像的创新与发展，正处在这样一个阶段——除了来自商业市场和艺术创作者的困境外，诸如技术上的缺陷、观影感受的生理不适等问题也在不同程度上困扰着VR影像的发展。万众期待之下出现的VR影像，到底是昙花一现，还是百年影像形态发展的再一次流变？

20世纪60年代，美国著名传播学者埃弗雷特·M. 罗杰斯（Everett M. Rogers）提出“创新扩散理论”（diffusion of innovations theory），试图通过媒介劝服人们接受新观念、新事物、新理念。罗杰斯认为，当一个观点、方法或物体被某个人或者团体认为是“新的”的时候，他就是一项创新。而扩散是指创新在特定的时间段内，通过特定的渠道，在特定的社群中传播的过程。它是特殊类型的传播，所包含的信息与新观点有关。[①]此外，基于大量的数据实验，罗杰斯总结出了一套“S”形变化规律，即创新伊始扩散速度较慢，当扩散达到一定程度之后，会迎来一个拐点从而加速扩散的速度；但当这个加速状态持续一段时间之后，扩散会基本完成并进入下一个拐点，扩散速度也逐渐放缓。基于这种变化规律模型，罗杰斯称

---

① 罗杰斯．创新的扩散［M］．辛欣，译．北京：中央编译出版社，2002.

之为“S”形扩散模型，如图6-4所示。当然，根据创新内容不同，“S”形曲线的斜率也会有所不同，也并非每个个体都会采纳创新技术。同时，罗杰斯通过对创新采用的各类人群进行研究归类的创新扩散模型，根据对创新的接受程度差异归纳总结了创新传播的五个步骤，即认知（knowledge）、说服（persuasion）、决定（decision）、实施（implementation）以及确认（confirmation），并将受众划分为创新者（innovator）、早期采纳者（early adopters）、早期大多数（early majority）、后期大多数（late majority）与落后者（laggards）五类人群，通过大量实证研究证明了创新扩散过程呈“钟”形状态曲线分布，如图6-5所示。

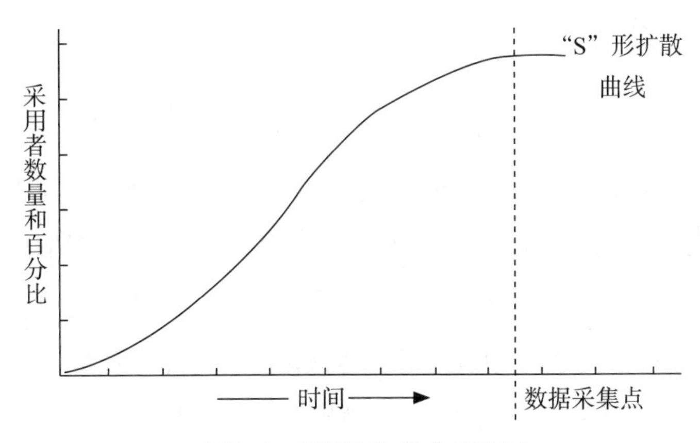

图6-4　创新扩散“S”形曲线

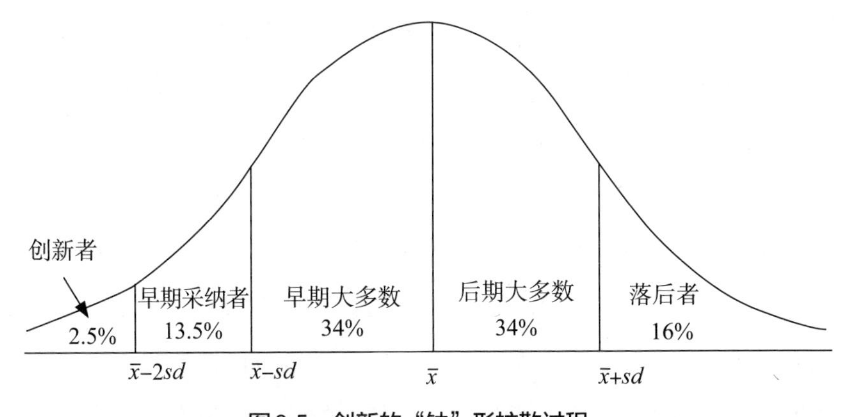

图6-5　创新的“钟”形扩散过程

当新的科技发展转化为新的影像技术，并开始推动创新者出现时，其创新的采纳率仅为2.5%，创新的方案既可能以失败告终，也必须面对绝大多数人不能接受的状况。再到早期采纳者接收创新，并将技术逐渐转化为影像作品，也并不能受到大多数人的认可，这正是当下新的影像技术所处的境况，即受到不同程度争议。

从影像形态的流变方向来看，“生物性的真实感追求决定流变的发展方向”已经可以判断新技术创新中哪些方案会以失败告终，哪些能够继续扩散下去；而“相适应的社会环境带来流变的外在动力”决定了不同方向的影像形态创新与社会环境的相容度，进而决定着其所处的扩散阶段及不同程度的创新采纳率。

具体来说，过往影像流变中，无论是有声片、彩色片、宽幕片、立体片，其影像类型占比的变化均呈现罗杰斯“S”形扩散模型，这点从量化分析的影像形态占比的曲线中即可看出（参见第四章图4-6）。但根据创新类型即影像流变阶段的不同，也存在不同的斜率，即存在“大周期”与“小周期”的区别，这再次证实了正处在革命当中的“立体片”的走向和发展趋势。

具体到当下影像形态创新，除多媒介融合的媒介环境带来的变化外，无论是画面中的高清晰度、动态中的高帧率、声音中的全景环绕声、色彩中的广色域与高动态范围，还是画幅比例中的球幕及多感官参与，都符合“真实感追求”的流变发展方向。但在内部动力上，这几种发展却并不一致。相对而言，受众对高清晰度的接受程度较高，而对球幕的接受程度相对较低。这种不一致性也体现在不同影像形态创新的争议大小及目前发展的状况上，即创新扩散的阶段和不同的创新采纳率方面。画面的高清晰度技术近年来蓬勃发展，处于“早期大多数”扩散的情况下，发展迅速，但普及也需要时间；球幕技术发展则较为缓慢，已沦为小众产品，从普及度及创新采纳率的角度来看仍处于“创新者”扩散阶段；其他方面均处于不同程度的“早期采纳者”扩散阶段。坚持高帧率、高清晰度、立体拍片的李安即属于早期采纳者。

在肯定当下影像形态种种创新的基础上，前文曾针对影像形态未来的发展给出过方向。保罗·莱文森曾对“人性化趋势”理论做了追根溯源式的探索，从媒介进化史的角度探析了媒介的进化规律，最后提出运用媒介技术的人是具有理性的，而媒介的进化始终符合“人性”的这一论断，并认为互联网是媒介进化中“所有补救性媒介的补救媒介”。那么，身为媒介具象形态之一的影像也必然存在“所有补救性影像的补救影像”。类比互联网的包罗万象及当下媒介融合的特点，“所有补救性影像的补救影像”应当具有集画面高帧速率、高清晰度、全景环绕声、广色域、高动态范围、画幅球幕化等一系列创新技术于一身的创新技术特点。

将影像形态的画面、动态、声音、色彩仿真性极大化，并设定其存在于无限边界的银幕尺寸，一切条件都指向VR影像，一切特征都符合虚拟现实所指向的“沉浸”概念。虚拟现实，正是一个集计算机、电子信息、仿真技术于一体，以模拟现实环境给人以环境沉浸感为目的的新兴技术。VR强调的“沉浸”可看作无限接近现实生活的最终形态，也被冠以“终极显示”（the ultimate display）之名，这符合影像形态流变的方向和规律，也必将是影像流变的未来。

根据影像形态的流变趋势，当新的影像形态出现时，革命性的技术创新必然会带来“绝对距离”下限Ad（min）的“断崖式”下跌，而这个触发点正是新的影像形态的起点。“断崖式”下跌的结果必然导致新的影像形态处于“相对距离”下区间△Rd（min），并产生“差距”现象。这也解释了作为新影像形态的VR影像出现时，前所未有的“沉浸”体验触发了Ad（min）的“断崖式”下跌，这让许多观众产生了“审美心理距离”上的“差距”现象，给他们带来了审美体验的不适感。

从影像形态的流变规律出发，在肯定VR影像符合影像形态流变趋势的基础上，从影像形态的动力因素亦可判断VR影像目前所处的流变状态。

在基础动力方面，现行VR技术已经走出实验室并走向实物应用。这是技术的一次重大突破。虚拟现实存在各类问题，仍不能算作技术成熟，因此可产生的“审美心理距离”引力虽大，但现行技术尚不能很好地兼容。就技术创新而言，仍处于发展阶段。

在完成动力方面，虚拟现实对于传统影像而言近乎颠覆式的革命，让过往的视听语言艺术手段基本失效。这一点在球幕技术中已有所体现，即适合球幕的视听语言艺术尚未出现，而在此基础上的VR技术则更加缺乏能够产生“斥力”拉远“绝对距离”的艺术手段，因此其流变完成动力十分匮乏。

在外在动力方面，从2014年Facebook收购Oculus VR后，每一年都曾被称为“VR元年”，VR技术也被公认为是信息技术发展的下一个风口。可是迄今为止，虚拟现实并没有出现发展高潮的迹象，也没有市场化。随着时间的推移，热情与资本逐渐褪去，学术界与电影界不时传来对VR技术的口诛笔伐之声。因此，VR影像的发展与当下的社会环境也尚不能很好地适应，存在外在动力不足的问题。

因此，综合因素判断下呈现的正是当下VR影像所处的状况：在肯定VR影像符合影像形态流变方向的基础上，其发展进程仍处于基础动力需加强、完成动力匮乏、外在动力不足的流变初级阶段。尽管通过前文的论述得知VR影像的流变必然发生，但这条路上的层层障碍依然清晰可见。

（二）“完成”的必然性

就创新扩散的特征而言，其五个认识属性即相对优势、相容性、复杂性、可试验性和可观察性会影响创新的采纳速度。所谓相对优势，是指某项创新相对于它所代替的原有方法（方案）而具有的优点。相对优势的程度通常可通过经济利润、社会威望和其他一些收益来衡量。①

---

① 罗杰斯．创新的扩散［M］．辛欣，译．北京：中央编译出版社，2002.

艾媒智库数据中心（http://data.iimedia.cn/）及映维网公开的数据显示，从美国、中国与日本虚拟现实市场收入及预测来看，近年来虚拟现实市场收入是持续走高的。但从创企投融资方面，自2016年虚拟现实市场迎来爆发后资金开始下降，其中影视领域所占比重逐年降低至不足1%，因此VR技术虽然具备较大的市场潜力，但因前期投入的成本较大，对经济发展形成阻力，相对优势存在于未来而非当下。

相容性指创新与现有各种价值观、以往的各种实践经验以及潜在采纳者的需求相一致的程度，这与影像技术流变中的外在动力要素基本相符。根据上文分析，外在动力不足的原因主要在于VR技术相容性并不高。复杂性是指理解和使用某种创新的相对难度。具体到VR技术，对于受众而言，以最为普及的VR头显为例，最基础的一体式设备的理解和使用难度并不高，但由于技术条件限制，并不能达到很好的观影体验。而效果相对较好的头显设备则是依赖于外置的主机渲染，这便需要专业人员的调试，因此相较于打开遥控器便能欣赏的电视及坐在电影院即可享受的电影，VR技术的复杂性有所提升。而可试验性与可观察性基于VR影像的公共产品属性及视听属性则较高。综上所述，VR影像技术创新属性方面呈现出相对优势及相容性较低，复杂性相对正常，可试验性及可观察性较高的特点，因而创新采纳速度及创新采纳率存在较大变数，因此创新普及的时间很难判断。但已在移动互联网等诸多领域验证过的扩散效应表明，当一个产品的普及率超过15%时，就会迎来第一波指数型增长，根据MPAA公布的2017年每年至少去看一次电影的人数达到2.46亿而得知，当全球虚拟现实用户超越4000万人时，将带动虚拟现实内容产业的井喷发展。我们有理由相信，符合影像技术流变的发展方向即VR技术的到来具有必然性。

影像形态流变中，“极限距离”的变化趋势，其下限Dl（min）是呈负向线性减少的，流变初期处于“相对距离”下区间△Rd（min）的新的影像形态会随着对应的艺术手法逐渐成熟将“斥力”逐渐增大，向“极限距离”

区间△Dl靠近并在稳定后分布在各个区间内。

因此，尚处于流变初级阶段的VR影像在经历初期的“功利”主导审美体验和受众质疑难以普及的双重困境之后，逐渐摆脱审美困境、找到新的艺术手段、形成新的影像形态、完成流变过程在可预见的未来是必然发生的。

三、VR影像化的流变

（一）回溯：VR技术的发展

时光回溯，虚拟现实技术先后经历了有声形动态模拟阶段（1963年以前）、虚拟现实萌芽阶段（1963—1972）、虚拟现实定义形成阶段（1973—1989）、虚拟现实理论应用阶段（1990年至今）。

虚拟现实就其本体而言，其词源来源于法国戏剧作家安托南·阿尔托的著作《戏剧及其重影》，书中将剧院称为虚拟现实（la réalité virtuelle），英译本则翻译为VR（virtual reality）。时过境迁，阿尔托所言之虚拟现实与如今这一词源的定义在内涵和外延上都有所区别。如就此溯源其历史，虚拟现实的概念早在柏拉图的《理想国》中便有体现，其著名的洞穴寓言描绘了一群被囚禁在洞穴中的囚徒，因全身被束缚而不能回头，其身后燃烧的火光将他们的身形投射在洞穴内壁上形成影子，这便是他们终其一生对世界的认识来源。笛卡尔曾对此评价：“通过控制我们全部的感官，创造出了一个模仿世界的彻头彻尾的幻想。”这种描绘被很多学者看作虚拟现实思想的雏形。

虚拟现实最早的实物可追溯到1929年爱德华·林克（Edward Link）发明的用于训练飞行员的模拟器，飞行员置身模拟器中可进行飞行模拟，这也是人类模拟仿真的初次尝试，此后随着控制技术的不断发展和完善，越来越多的仿真模拟器相继问世。1955年，好莱坞摄影师摩登·海里戈（Morton Heilig）发表了一篇名为《未来影院》（Cinema of the future）的论文，提出了对电影多感官发展的想法。1956年，海里戈为了打造他理想中的未来应援，以一己之力将其1952年已有的概念设计出了原型，即摩托车仿真器（Sensorama 3D），并在 1962 年取得专利。这台具有三维显示及立体声效果，配合气味、震动、风吹等多感官体验的机器堪称世界上第一台具备虚拟现实体验的设备。而这台机器出现在彼时彩色片与黑白片并行，立体电影尚未成型的半个世纪前，这种极具创新的设备也仅止于新奇。因与当时的社会极度不相容，没有人看到摩托车仿真器创世纪的科技突破性质与无尽潜力，最终也因耗资巨大，其商业化的路途不了了之。因电子计算机技术的发展和计算机的小型化而逐步形成的仿真技术，同样推动了计算机仿真科学技术的发展进程，这个阶段也被称作有声形动态模拟阶段。

1965年，美国科学家、计算机图形学的奠基人伊凡·苏泽兰（Ivan Sutherland）在国际信息处理联合会（International Federation for Information Processing，IFIP）上发表了一篇名为《终极显示》（The ultimate display）的论文，描绘出了他对于VR的未来想象：“在这种显示技术下，观众可以直接沉浸在计算机控制的虚拟环境之中，就如同日常生活在真实世界一样。同时，观察者还能以自然的方式与虚拟环境中的对象进行交互，如触摸感知和控制虚拟对象等。”[①] 在《终极显示》一文中，苏泽兰从计算机显示与人机交互的角度提出了如何模拟现实世界的想法，推动了计算机图形学的发展，并启发了如今盛行的VR头盔显示器、数据手套等新型人机交互设备的研究。1968年，苏泽兰历经2年时间研制成功了头盔显示器（head mounted display，HMD），随后又将模拟力和触觉反馈装置加入系统中，并将其命名为“达摩克利斯之剑（sword of Damocles）”。这是虚拟现实技术发展史

---

① 赵沁平. 虚拟现实综述［J］. 中国科学（F 辑：信息科学），2009，39（1）：2-46.

上的一个重要的里程碑，此阶段也是虚拟现实萌芽阶段，为虚拟现实技术的基本思想产生和理论发展奠定了基础。

1973年，一个名叫米伦·克鲁格（Myron Krueger）的艺术家兼程序员创造了一种全新的交互体验，他称之为“人工现实”（artificial reality），这是早期出现的VR词语，并试图以此来变革人们与机器互动的方式。但是受制于计算机技术，这一时期虚拟现实技术发展较为缓慢，基本处于酝酿阶段，这种状态一直持续到20世纪80年代。1983年，考虑到训练设备昂贵、实战训练危险等因素，美国国防高级研究计划局主持开发了实时战场仿真系统（Simulator Networking，SIMNET），开创了分布交互仿真技术的研究和应用，SIMNET的经验与技术对分布式VR的发展起了重要作用。1984年，NASA艾姆斯研究中心（NASA’s Ames Research Center，ARC）虚拟行星探测实验室在火星探测器发回数据的基础上，利用虚拟视觉显示器构造出了火星表面的虚拟世界。而此后由麦克·麦克格雷维（Michael McGreevy）领导完成的VIEW系统和米伦·克鲁格设计的VIDEOPLACE系统均推动了VR理论和技术的研究。1989年，美国VPL公司的创始人之一杰伦·拉尼尔（Jaron Lanier）提出了“虚拟现实”（Virtual Reality，VR）一词，其具体内涵是综合利用计算机图形系统和各种现实及控制等接口设备，在计算机上生成的、可交互的三维环境中提供沉浸感觉的技术，这一概念很快被研究人员普遍接受，VR也成为这一领域的专用名词，1973年至1989年的这一阶段也被称为虚拟现实定义形成阶段。

进入20世纪90年代以后，随着计算机技术与高性能计算机、人机交互技术与设备、计算机网络与通信等科学技术领域的突破与高速发展，以及军事演练、航空航天、复杂设备研制等重要领域的巨大需求，VR技术进入了快速发展时期。[①]1990年，在美国达拉斯召开的“计算机图形图像特别

① 赵沁平.虚拟现实综述［J］.中国科学（F辑：信息科学），2009，39（1）：2-46.

兴趣小组”（Special Interest Group for Computer GRAPHICS，SIGGRAPH）会议上，提出VR技术研究的主要内容包括三维图形生成技术、多传感器交互技术和高分辨率显示技术。在理论领域，1993年，麦克·海姆（Michael Heim）《虚拟现实的形而上学》（*The Metaphysics of Virtual Reality*）一书中，提出了虚拟现实的七大特性：仿真（simulation）、交互（interaction）、人工（artificiality）、沉浸感（immersion）、远程监控（telepresence）、体感沉浸（full body immersion）和网络通信（network communication）[①]。1994年，格里戈雷·伯迪（Grigore Burdea）与菲利普·考菲特（Philippe Coiffet）共同出版了《虚拟现实技术》（*Virtual Reality Technology*），并提出了“3I”特征，即沉浸性（immersion）、交互性（interaction）和超现实性（imagination）。在应用领域，1993年，波音公司在一个由数百台工作站组成的虚拟世界中设计出了由300万个零部件组成的波音777飞机。1996年，世界上第一个虚拟现实技术博览会在伦敦开幕，全世界范围内的与会者在互联网上访问虚拟展厅和会场，从不同角度和距离浏览展品；同年，世界上第一个虚拟现实环球网在英国投入运行，用户可以通过互联网虚拟漫游一个拥有超市、图书馆、大学等设施的超级城市。可以说，1990年至今VR真正进入了虚拟现实理论应用阶段。

（二）缘起：VR影像技术的产生

虚拟现实技术真正进入影像领域才短短数载。2002年，香港城市大学教授、多媒体艺术的先驱人物邵志飞（Jeffrey Shaw）在其著作《未来影院：胶片后的电影虚实》（*Future cinema: the cinematic imaginary after film*）中提出“虚拟现实指向一种沉浸式叙事空间电影。其中，参与互动的观众能假定自己既是摄影师，又是剪辑师，人们因‘在场’而成为一系列叙事错位

---

① HEIM M. The metaphysics of virtual reality [M] .Oxford：Oxford University Press，1994.

的主角”[①]。他极富预见性地指出，结合电子媒介的电影将逐渐使观众变为参与者。2012年，沉浸式新闻创造者、被《华尔街日报》称为“VR教母”的诺尼·德拉佩娜（Nonny de la Peña）拍摄了第一部VR纪录片《饥饿的洛杉矶》(*Hunger in Los Angeles*)，还原了一个在教堂外等待救济的糖尿病人晕倒的事件。影片采用的是立体动画渲染配合现场声音的形式，从类似环幕式的全景影像、观众自由选择的主观视角以及可以参与叙事的交互特质来看，一种前所未有的影像形式出现了。

2013年的《梅因纪事报》(*Des Moines Register*)推出VR纪录片《丰收之变》。用VR影像的方式让观众置身美国西部的农场之中，与传统纪录片的方式不同，《丰收之变》利用全景视角让观众如临现场，通过真实的农场作业场景与人物真实的对话，让观众了解了全球化因素下美国农场几十年来的改变。

2015年11月，《纽约时报》推出自己的第一部VR纪录片《流离失所》。该纪录片利用虚拟现实技术，推送了一个催人泪下的新闻内容。该视频展示了三个孩子身处饱受战争蹂躏的地区，过着流离失所的生活。而VR所带来的独有的沉浸感能够带给观众更强烈的现场感和参与感，从而更进一步地体会真实的力量。

此外，2016年的威尼斯国际电影节也展映了世界上第一部VR电影长片，时长达到90分钟的电影《耶稣VR——基督的故事》，并在电影节提供的VR影院内佩戴三星的Gear VR眼镜，在360度旋转的转椅上进行观看。

此后，VR影像的发展好似泉涌，各类电影节也纷纷开辟VR影像单元，其中也不乏一些被称为典范的佳作。取自经典童话《卖火柴的小女孩》的VR动画短片*Allumette*用虚拟现实的方式展现了一个爱与牺牲的故事。故事发生在一座天空小城里，这部电影以一座飘浮在云端的未来主义城市为

---

① SHAW J，WEIBEL P. Future cinema：the cinematic imaginary after film［M］. Cambridge：The MIT Press，2003.

背景，采用了名为“六维自由”的技术，让观众可以在现实世界中跟随片中主人公一起探索电影里的世界。戛纳国际电影节艺术总监蒂耶里·福茂（Thierry Frémaux）在其个人社交平台上称“VR早已不再是一种技术手段，而是一门艺术”。美国电视界最高奖项艾美奖（Emmy Awards）得主、导演利奈特·沃尔沃思（Lynette Wallworth）认为，未来电影的叙事也将因为VR技术而改变，将有更多新的方式探索人类意识的多元化。“我们由此可以感知自闭症患者的世界是怎样的，”她说，“与其他艺术形态相比，VR技术中的感知体验可以更好地展现出人类意识上的差异。”

（三）困境：“差距”的再次出现

相较于利于VR影像发展的条件而言，其受到的争议则更加剧烈。与不具备交互式体验的传统制作方式相比，在虚拟场景中的影像制作更容易失控。美国著名导演史蒂芬·斯皮尔伯格曾表示，虚拟领域的艺术创作给予观众很大空间，不再需要按照电影的叙事方向走，而是可以自己做决定。更有学者认为，虚拟现实电影最大的瓶颈就是它本身就难以成为电影。

一方面，作为新影像形态的VR影像出现时，抛开终将解决的技术问题，其前所未有的“沉浸”体验触发了“绝对距离”最小值Ad（min）的“断崖式”下跌，让这场虚拟现实的观影体验沦为一场单纯视觉、听觉及多重感官刺激的盛宴。

另一方面，随着新的影像之“形”的到来，VR影像化的另一困境在于传统视听语言手段的失效。沉浸感的出现，使长镜头理论成为VR电影镜头语言的核心。通过第一人称视角的长镜头场景展示，观者拥有了视角的控制权，可以获得无与伦比的共情感，虚拟现实环境下导演的叙事能力因失去对观者视角的控制权而受到削弱，影像的欣赏由过去“叙述故事”变成如今的“感受过程”。

但这看上去很美的想法的代价却是经由百余年形成的传统影像艺术的

视听语言体系的失效，即由影像艺术家创造的艺术“斥力”不复存在了，“审美心理距离”的“差距”现象再次出现了。

现代电影艺术的美感，很多时候是来自视听语言本身，这也是影像艺术区别于小说的本质所在。传统电影的本质是有框视觉，“框”是电影导演给观众的信息感受区，框内框外都是导演出于自己的艺术创造，为观众重新打造的空间，而视听语言中的景别就是决定这个框内框外边界的根本。按照一个笼统的讲法，远景拍气势，中景拍动作，近景拍情绪。在一部电影中，不同的景别有不同的功能：你可以瞬间离人物很近地去看到那些现实生活中忽略的细节，也可以瞬间离人物很远，这些都是电影对现实的重构，即利用景别艺术创造“绝对距离”。此外，电影中的五感与现实中的五感并不一样，电影中的视觉不需要完全符合文本逻辑即现实逻辑。如《比利·林恩的中场战事》我们可以根据导演的创作意图让观众很清晰地看到远在体育场另一端的人物脸上汗珠的滑落瞬间，亦可以在嘈杂的人群中听到某一位人物的喃喃细语，这是影像中视觉与听觉的逻辑。距离可以直接被缩短，而现实中我们的五感则受到空间限制。在电影里，再大的空间都是心理距离，五感不用受限。传统影像的艺术控制逻辑是放大导演意图中想要的东西，即强化；省略部分空间中发生的事让观众想象，即留白，这就是所谓影像张力之所在。但在虚拟现实中，目前常用的做法，要么是上帝视角般的漫游，要么是按照人物的路线去走，所以一切信息透明了，张力也就消失了。此外传统影像本质是隐藏信息，并且合理利用画外空间的处理和观众的想象，再造心理空间，这在毫无边际的VR影像中失效了，虚拟现实在空间上基本都是真实空间的等比创造，创作方法也因此大大受限。

除景别以外，让传统影像成为艺术的最基本的手段——蒙太奇也随之消失了。电影是时间与空间的艺术，利用景别我们可以再造空间，而蒙太奇的运用则能再造不同于实际生活的电影时间，电影中可以有大量的闪回过去、跳接时空。朴赞郁的《老男孩》曾让男主角回到中学时代，创造了两个时空交错的电影时间。通过剪辑糅合的多个时空进行叙事和信息上的互补，可以创造出如梦似幻的艺术感受。但在以长镜头为主的VR影像当中就很难做到，虚拟现实创造的时间感是要接近真实生活。

在此基础上，景别消失了、蒙太奇消失了，因而利用景别与蒙太奇创造的叙事节奏，虚拟现实也难以做到。因此，VR影像无论在空间、时间的单项维度上还是时空节奏把握的符合维度上，传统影像的艺术手段似乎都不再适用。

如果说景别、蒙太奇、节奏都属外化的形式，那么真正让VR影像陷入困境的是内在的叙事视点。传统影像中，视点包含两者，即人物视点与客观视点，影像艺术家只有控制好两者的分配及互相包含的手段，交错组织，才能形成好的叙事。所谓人物视点，即视点人物的知情范畴，而视点人物则是最牵动观众心理的故事角色。这个知情范畴不一定是该人物的肉眼所见，还包含了人物知情范围内的客观视点，即在场其他人的主观观点。而客观视点，指的是独立于人物视点的客观表达。利用主客观视点的调用，可以创造出例如某个人物不知道而观众知道、某个信息人物知道而观众不知道的信息不对等的情况，也被称为对“信息露出”和“信息隐藏”的信息配比。未知使人紧张，全知使人放松，这种信息的不对称造就了传统影像的张力。长时间的单视点影像张力难以存在，会造成观众的视觉疲劳。正如只有一个演员出镜的电影《活埋》，也会存在主客观视点的转换，而在电影《潜水钟与蝴蝶》中，主人公鲍比因中风并查出锁闭综合征，全身瘫痪只可以眨眼和转眼球。导演朱利安·施纳贝尔试图最大限度还原鲍比的内心世界，运用了超过三分之二比例的和人类视角相仿的50毫米焦距镜头来模拟鲍比的主观视点，让观众跟随鲍比看世界。即便如此，电影依然保留了三分之一的客观视点用来交代情节。但这种视点的转换在现阶段的VR影像中几乎很难看到。强调“侵入”的虚拟现实的方式往往会让观众选择故事中的一个人物进入他的视点，也就是所谓的第一人称视角，从而进入故事情节。但也因单一任务的感知范畴带来了信息的局限性，诸如利用多个视点带来的多线叙事及交叉蒙太奇等艺术手段则基本失效。另一种方式则是让观众从“浸入”中抽离开来，采取客观视点，即所谓上帝视角，全知的信息量则让观众无从选择。如果强行在VR影像中切换视点，将会造成侵入与间离的错乱，即作为主观视点完全沉浸在真实情境中，即很难分心调到另一个角色的眼睛中，也无法跳脱出来去做全知感受。

因此，纵然VR影像化在“3I”特征中，交互性与超现实性尚未真正驱动，仅带来的沉浸性已使得观影的“真实感”大幅度提升，技术“引力”的大幅度提升已使得“极限距离”趋向于零，加之在影像之“形”中，传统艺术手段几乎全部失效，艺术的“斥力”不再形成，整个观影过程彻底沦为“差距”的生理刺激，这也成为现阶段困扰VR影像化的最大问题。

四、VR影像的艺术探索

在VR影像化尚不成熟的当下，却有一只与影像相关的“另类”走在了前面——虚拟现实色情业。这种情况与立体片产生之初极为相似，在传统影像难以找到合理的艺术手段驾驭新的影像形式时，功利心便会喧宾夺主，占据发展的主导地位，而彻底沦为“相对距离”下区间的生理刺激。

根据影像形态的流变动力，在VR影像化的发展过程中，虽然交互性与超现实性尚未真正驱动，但随着技术逐渐完善，沉浸性不断增强，技术产生的“斥力”也不断变大，必须有与之相匹配的艺术手段的“斥力”产生，才能将“绝对距离”控制在“极限距离”的区间内，绝不仅仅是感官刺激的产物。

面对传统视听语言在VR影视中的失效，急需创造一种新的艺术手段，即影像语言的重构，对此，先驱艺术家们已做出了探索与尝试。

（一）空间构成："物距"代替"景别"

首先，在空间构成上，作为360°全景式的视角，在VR影像中，景别消失了，取而代之的是"物距"，即被摄体与机器之间的距离，而决定"物距"的则是机器的位置与被摄体的位置。具体而言，传统影像由于有了边框，其目的是在有限的平面内安排空间长宽高的关系，以达到突出主体的作用。而虚拟现实则由于边框的消失，充斥着大量繁杂、琐碎、次要的东西，但这并不意味着主体无法突出。边框消失了，立体感更强了，通过导演调度依然能够形成动态的、不同"物距"的画面信息而产生画面层次，甚至可以利用类似前景的遮挡进行全景画面的冗余信息过滤。不仅如此，传统构图中的线条、光线、色彩等元素依然能够生效。将主体居于对称的故宫大门前同样会有庄严肃穆的感觉，侧面光线造成的"阴阳脸"依然能够刻画人物内心的矛盾，夕阳西下的金色麦田仍旧是一幕浪漫的场景。只是，同样的艺术手段实现方式变了，置景范围由原来的取景框拓展为全景布置，必须毫不齐啬地再造场景。与之相对应的摄影设备需要隐藏，灯光设备需要隐藏，录音设备需要隐藏，甚至除了演员之外的所有人员都必须退出场景之外。因此，如同将绘画技法运用在影像艺术中一样，掌握传统影像中空间构成的核心原理及手法，构图并不会失去作用，而是以新的方式存在于VR影像中。

此外，传统影像中惯用的运动方式在VR影像中也较少采用，一方面源于VR影像大量采用第一人称的主观视角，应当符合与主观视角相统一的运动；另一方面固定镜头也与业余观众的坐立观影方式相契合[①]，能有效避免观众身体物理感受与视觉心理感受不匹配带来的眩晕感。从这种意义上来说，第一人称的主观视角如果想要达到尚佳的审美体验，应配合垂直方

---

① 黄石 . 虚拟现实电影的镜头与视觉引导［J］. 当代电影，2016（12）：121-123.

向的重力感应及水平方向的惯性感应，使运动具备物理感受与心理感受的统一。

（二）时间构成：“场”代替“镜头”

时间构成上，传统影像利用蒙太奇的手段再造电影时间，也就是库里肖夫认为的“电影的理念就是零碎片段的组合，而这些片段不完全与真实生活相关”[①]。相对于用“物距”代替“景别”，传统影像中消失的“蒙太奇”在VR影像中将以比镜头更大的单位“场”的方式呈现。传统影像中，因为信息量的不同，具有更大影像信息的景别越大往往镜头时间越长，而VR环境全景式的视角带来的单位“场”的信息量比以往都要多，因此单位“场”的时间也应越长，同时，类似前文讨论立体片产生立体深度感知的存在最小阈值，VR影像产生沉浸感也需要最小时间，所以快速频繁的剪辑会导致观众因错位而感到眩晕。因此，通常VR影像中的单位“场”时间不低于10秒。介于传统影像“镜头”和戏剧分“幕”之间的VR“场”，既要避免如同戏剧舞台般的演出时间与剧情时间相仿，也无法做到传统影像般在不同时光中横向穿梭。但也并非毫无办法，一方面，VR影像一般在“场”间采用淡入淡出或叠化衔接，同时合理控制前后“场”间色彩跨度与明暗反差的对比，适当加速节奏的同时也避免“场”间切换引起的视觉上的不适。另一方面，随着CG技术的日益完善，传统影像中的镜头概念在数字合成的场景下又有了新的发展，穿梭在实拍场景、渲染场景与混合场景中的长镜头美学再次风靡。在此基础上，VR影像的同一“场”中亦可凭借数字技术纵横时空，让丢失了蒙太奇的VR影像拥有自己的新的艺术语言。

---

① 贾内梯．认识电影［M］．焦雄屏，译．北京：北京联合出版公司，2017.

（三）叙事构成："间接引导"代替"直接引导"

在叙事层面而言，VR影像无论是主观视角的跟随抑或是上帝视角的漫游，因为全景性的特征，观众可以根据自己的喜好脱离故事设定所呈现的视角，但也会因此迷失在虚拟的世界中而忘了如何在其中创造故事。虽然这也是一种全新的自由体验，但以现阶段VR影像发展的进程而言，无目的的漫游并不是影像希望传达的实质内容。正如Oculus的创意总监萨施卡·昂塞尔德（Saschka Unseld）所说的那样："身临其境的感觉是如此神奇，但的确容易分散注意力。如果面对一个心不在焉、不合格的叙事对象，哪怕你有全世界最棒的故事，也没人专心听讲。"

因此，如何有效约束沉浸感带来的自主性，是当下VR影像能否叙事的首要难题。在绘画领域，19世纪的现实主义经由印象主义向20世纪的抽象主义、超现实主义、未来主义、立体主义和表现主义方向的发展，便是将视线的直接引导变为间接引导。百余年之后的今天，影像艺术也走上了这条路。

传统影像中，因为边框的存在，景别的选择、蒙太奇的运用、节奏的把控，导演将主观意图封装成客观存在的艺术品，观影在某种程度上是一种强制的约束。VR影像中，当导演的指挥棒消失之后，利用新的艺术手段由直接引导变为间接引导，现阶段可供VR影像尝试的叙事方式有以下三方面：

其一，利用视觉引导。人眼视觉的生物性特征决定了观众对具有高亮度、高对比度、高饱和度的画面有更强烈的视觉体验。利用这种特性，身处黑暗座席的观众自会目不转睛地盯着灯光绚烂、粉饰华丽的舞台，这正是VR影像视觉引导最好的模板。此外，构图理论下线条的延伸、密度的稀疏均能不同程度地引导我们的注意力。随着无线技术的普及，灯光的色彩与照度、道具的位置与状态，均可通过远程遥控实现变化，更为符合叙事节奏、制造矛盾冲突的动态视觉引导提供了可能。同时，当VR影像中存在人物时，其动作、行为和反应方式也能更好地吸引观众，人物对于观众具有先天的吸引力。观众注意到一个面孔的反应时间最短只有13毫秒。[①]尤其是当人物出现某种视线关系的时候，观众便会不由自主地跟随其视线方向观看，此时若配合高亮度、高对比度、高饱和度的画面吸引，效果更佳。

其二，利用听觉引导。传统影像中，声音的作用往往被忽略。但声音作为视听语言中的重要组成部分对影像艺术的发展贡献卓越。VR影像中，以全景环绕声出现的声音能够让观众感受到水平方位及垂直方位全景式的声场包围，再造VR声音环境的同时，也能让观众准确辨认出声音的方向。基于这一特点，可利用声音的刺激或者声效引导观众视角的变换，或可同时辅以视觉引导并配合叙事展开。

其三，利用运动引导。传统影像中的运动分为两种，被摄物体的运动与摄影机的运动，这恰恰也是VR影像利用运动引导的两个方向。被摄物体的运动准确来说应为相对运动，利用的是人眼的差异化辨别特性，即动中取静、静中取动，观众一般只会注意与众不同的被摄物体。摄影机的运动往往代表着第一人称视点的跟随，与人物动作相符的运动轨迹能引导观众更好地沉浸在故事情境中，但如前文所述，较大的运动幅度会带来不适感，应配合重力及惯性感应使运动具备物理感受与心理感受的统一。

（四）流变定位：缘起时期的阶段性尝试

在空间、时间、叙事上，VR影像的艺术探索尚处萌芽阶段，亟待艺术家在VR影像创作中不断摸索。同时，另一个实际情况是，VR影像从观看设备到观影体验都有待完善，“3I”特征只开发出了“沉浸性”，VR影像的完整概念仍未真正确立，如此产生的艺术手段将不可避免地成为技术尚未

---

① OLSON I R，MARSHUETZ C. Facial attractiveness is appraised in a glance［J］. Emotion，2005（5）：144-146.

成熟的缘起时期的阶段性尝试。

这种状况下，笔者认为，与其在半成品阶段的VR影像上绞尽脑汁，莫不如“弃卒保车”，在利用VR影像沉浸感的同时，暂且抛弃此阶段难以引导的弊端。例如，将空间构成中的遮挡技巧放大，舍弃360°的全景视野，改为180°的半球幕，在获得沉浸感的同时又有效避免了自由视角带来的引导困难，同时配合上文所述的空间构成、时间构成、叙事构成上的艺术手段，以获得“阶段性的胜利”。

五、影像形态的未来发展

从影像技术流变规律而言，VR影像仍处于影像技术流变创新发展的初级阶段，作为“终极显示”的VR影像代表着影像技术发展的流变方向，但技术仍不完善，受众及社会接受程度较差，并缺乏行之有效的艺术手段。通过历史梳理、当下困境分析及艺术手段探索，VR影像化之路虽困难重重但大有可为，笔者将根据影像流变的发展趋势及影像流变的动力对影像的未来发展进行预测与判断。

（一）“沉浸”“交互”“想象”共存的VR影像概念

作为较传统影像更具真实感的VR影像代表的影像形态流变的方向，当下存在的问题是VR影像在整个虚拟现实体系中，其存在和概念的界定是残缺的。

1994年伯迪与考菲特提出的“3I”特性，沉浸性在VR影像中被反复提及，而交互性与超现实性则易被忽略。所谓交互性，指的是用于真实世界物体的方式与场景物体进行交互，即参与用户的行为会对创造的虚拟现实世界产生影响，交互越接近自然，就能越好地增加沉浸感。对于VR影像而言，其交互性的缺失被认为是先天性的，主要在于以实拍为主的VR影像无法做到交互性所必备的实时渲染特性，即用户除视角旋转外的任何行为均无法对VR影像产生任何变化，而视角旋转本质上也仅仅是对于全景式视角的二次选择，并不是VR影像的真正改变。在这一点上，VR游戏走在了前列，在基于实时渲染引擎的VR游戏中，用户可自由移动所处位置而不受制于摄影机的运动，同时可以利用各类交互设备通过对应的代码控制实时产生虚拟交互行为，如通过虚拟方向盘开车，或用手势识别来抓取物体等。正是基于VR游戏的先天优势，也有人提出VR影像游戏化的概念，即像斯皮尔伯格在《头号玩家》中描绘的一样，再造一个“绿洲”，创造出一个平行于现实生活的虚拟世界，即拥有一个常年在线的数字虚拟环境，使用者通过VR套装操控数字替身，在这个永不停歇的故事中，主动或被动地加入某些故事线分支，从而获得娱乐体验。但从影像本体而言，始终应当存在艺术表达，即最终目的应让审美体验处于“极限距离”区间内，而非功利性的生理刺激。因此，VR影像应从VR游戏中获取互动性优势但又必须存在边界，最终呈现为基于实体采样的“数字场景+数字角色”的实时渲染仿真影像，使用者既有传统影像实拍的真实感，又可以自主控制视角与路径，介于当下全景影像“零交互”与VR游戏“全交互”之间的“半交互”状态。

超现实性是虚拟现实可以再造一个完全虚拟的世界，因此限制内容创作的只有想象力本身。启发人的创造性思维，超现实环境可使用户沉浸其中并且获取新的知识，提高感性和理性认识，从而使用户深化概念和萌发新的联想，因此就阶段性与难易度而言，超现实性是基于沉浸性与交互性之上的更高层次的追求。影像流变的方向即对真实感的追求，虚拟现实作为终极显示带来的真实感并非绝对真实亦不是现实，因此VR影像并非生活之镜，最终应当呈现出现实之外的影像世界，这个世界既可编织一个并不真实的但又具备真实感的虚拟故事，又可展现一个比现实世界更加真实的“客观现实”。

此外，提到VR影像，人们脑海中想象的便是头戴头盔显示器播放影像的情景，实际上从虚拟现实的概念而言，头盔显示器仅仅是某一阶段技术的终端，所谓虚拟现实可以存在于任何一个可以构建虚拟世界的终端之上。且除视觉、听觉外的多感官调动亦应该被列入未来VR影像概念的讨论范畴，VR影像也不再是一门视听艺术，而是多感官的“意识艺术”。

（二）成熟的VR影像技术体系

就基础动力的技术创新层面而言，VR影像距离技术体系成熟也有很长一段路要走。目前看来，现行的VR终端，不管是外接式头戴设备、移动端头显设备、VR一体机都存在一定的技术问题。

首先是大部分VR影像产品的分辨率不足。前文我们讨论过清晰度、分辨率与像素之间的关系。APPLE公司曾以视网膜屏自居自己的Retina Display技术能够将ppi（单位英寸的像素密度）做到400以上，号称已达到人眼无法分辨像素点的程度。可即便如此，为了达到封闭性，人们佩戴VR显示终端的观看距离要远远超过手机，ppi要达到800以上才能有良好的观感，就目前而言，几乎所有VR设备都难以达到。此外，也是由于终端的高度集成性，帧速率、色域与动态范围及声场配备均达不到同时代其他影像终端（院线银幕、电视屏幕）的最高水平，也造成了视听体验下降，甚至出现生理不适的现象。

其次是视线范围过窄。人眼的视野范围是水平方向宽、垂直方向窄，单眼的水平视角最大可达156°，双眼的水平视角最大可达188°。人眼的视角极限大约为垂直方向150°，水平方向230°，如果在这个视角范围内都是屏幕，那么就会给人们一种身临其境的感觉。但是目前而言，现有的终端均以两个视野范围狭窄的双眼屏幕覆盖，难以满足沉浸体验，并且VR终端以跟踪人头部运动的动态而进行画面匹配，尚未做到成熟的眼球追踪技术，而以头部运动方向的改变来观察世界，这并不符合人的视觉观看习惯。

因此，VR影像首先需在技术上全面提升画面及声音的仿真属性，这包含两个方面：一方面是作为视觉及听觉的终极显示的真实感的完善，这一点可从画面、声音、色彩等各个方面进行更新迭代以求进步；另一方面就是尽量贴合人的实际生活的经验与习惯。生活中，人们并不会戴着笨重的头盔去观察生活，也不会靠头脑的晃动去改变视线。试想某天VR影像终端以类似隐形眼镜的方式被穿戴是否真的做到与生活无异了？除此以外，VR影像终端在保证视听具备真实感的基础上，应更加注重其他感官的真实感仿真，如嗅觉、触觉的调动及重力系统、运动系统的协调，真正形成一套成熟的VR影像技术体系。

（三）回归“私媒介”的VR影像

VR影像在当下社会与受众中接受程度不高，很大程度上源于其对传统影像的颠覆。很难想象电影院内几十名观众共同关注着同一块银幕的“公共媒介”活动将被彼此之间毫无交流的、佩戴VR终端沉浸在独立世界中的“私媒介”活动所取代，但在未来这也许就是事实。

纵观影像史，一般认为传统影像自1895年电影诞生之初便是作为院线观影的集体行为而存在的，但若将时间轴向前推移，在1895年卢米埃尔兄弟电影正式公映之前，爱迪生发明的电影视镜便是仅供一个人凑到目镜上观看的“私媒介”活动，换言之，VR影像审美活动的这种“私媒介”活动并非创新。

作为承载电影集体行为的媒介与公共场所，影院存在的意义似乎已经超越了观影本身。在电影早期兴盛的很长一段时间里，如同身着华服去欣赏歌剧表演一般，去影院看电影成为一种时尚行为；而在电影全球普及之后，这间光影变幻的幽闭空间更是变成了青年男女的恋爱圣地，抑或是阖家欢乐的聚会之所。因此，在媒介融合发展、电影资源独占性逐渐消解的今天，影院存在的更大意义在于其文化氛围与社交属性。

猫眼专业版的数据显示，中国院线市场2018年上半年购票中单独购买一张票的占比为21.4%，2019年上半年为23%，换言之，独自观影的比例在增加，即电影消费的社交属性在下降。与此同时，2019年，全球电影市场中流媒体数字发行首次超过院线市场，达到48%；2020年，这一比例再次提升，流媒体数字发行市场高达76%，是传统院线市场的5倍。即便不考虑疫情影响，流媒体代表的“私媒介”活动也愈来愈有取代院线“公共媒介”活动的趋势，这也从侧面反映了当前社会的个体独立性在增强。

随着虚拟现实中技术的完善及产业的发展，以“私媒介”活动作为主要形式的VR影像在未来将被更多人接受。

除此以外，随着观众个体独立性的增强，他们也更多渴望在影像中有所表达。“VR教母”诺尼·德拉佩娜认为：“随着年轻受众数量上升，他们更喜欢具身式的体验，渴望在电影中表达他们自己的观念、教育背景及其他信息。”因此，VR影像的沉浸性能让观众更投入其中，交互性能让观众自由行走与交流体验，超现实性能让观众充分思考与想象。

可以预见的是，未来随着受众观念的更新，VR影像将更好地被受众与社会接受，由此产生的外在动力也将继续推动VR影像的流变。

（四）重构传统影像美学范式

未来当VR影像新的艺术手段成熟后，将打破传统影像长期形成的视听语言，本质上是对传统影像美学范式的重构，形成一套具有沉浸性、交互性、超现实性，调动受众视觉、听觉、嗅觉、触觉等多感官系统的基于VR影像美学的新的范式。

全景式立体观感带来边框的消失，人眼与影像的实际距离再次拉近，观众已经不再是传统影像中的旁观者，窥视审美体验得到了瓦解。传统影像中，直接引导作用的发生机制是银幕，更准确地说是电影的边框。在导演的控制下，观众凭借自身想象力与影像发生关系从而产生审美体验，即在蒙太奇艺术手段所产生的“斥力”控制下保持在“极限距离”范围之内的审美过程。但在VR影像中，这一点被打破了，直接引导作用的发生机制——银幕因边框消失而不复存在了，观众主动地走入影像之中，让导演不得不转为以间接引导的控制方式来引导观众。

由于观众的审美活动由过去的被动接受变为主动参与，审美过程中的主客体关系也随之发生了变化。因VR影像具备很强的交互性，作为审美主体的观众也成为影像客体的一部分，于VR影像而言，观众既是审美主体也是客体。审美的内容从自我想象到实践，在自我创造的影像世界里找到自我的存在感，进而在虚拟现实的世界里得到自我价值的满足。因此，作为控制审美距离的艺术“斥力”，将是在影像创作者的间接引导下由观众直接产生的。随着人们对VR影像的认识日益加深，在各类VR影像作品的实验和尝试下，其艺术手段作为影像形态流变的内在动力的助推力也会逐渐增强，最终推动VR影像成为新一代的影像形态，即VR影像化流变的完成。

（五）多影像形态与新影像本体

诚然，作为“终极显示”的VR影像代表着影像技术发展的流变方向，VR影像也将作为未来影像的主要形态存在。但正如当前每年仍然有少量黑白片与无声片产出一样，任何一种影像形态只要有其存在的受众与独特的审美性，依旧会“不死不灭”，反而会因实用性与功利性逐渐消失，以一种更加强调实验性与艺术性的方式存在。换言之，技术的进步与更迭带来的是更加符合人体生物性特征的影像形态出现的可能，整体上呈现为以新的影像形态为主导，多种影像形态的共融发展。

人们时常回想起法国艺术家保罗·德拉罗什的那句名言：“从今天开始，绘画就死了。”当然，绘画至今仍活跃在艺术领域，只是在与静态影像的写实竞争中进行了转向，往抽象化与印象化的方向发展。正如麦克卢汉所言，媒介很少死亡，只是会在丧失某种竞争力后成长为一种新的艺术形式，只不过“审美心理距离”更近了。

21世纪伊始，影像研究中同时出现两条相向而行的研究路径：其一是从新媒介到影像，其二是从影像到新媒介。前者主要研究数字技术的发展对电影的影响，涉及对“再现事物原貌”经典电影本体理论的质疑，如克里斯汀·戴利继承德勒兹提出的“电影3.0：互动影像”概念，我国学者游飞、蔡卫提出的超越现实的“超级真实”概念；后者主要探讨以电影为代表的视听媒体在数字技术作用下的新媒介的诞生，模糊了作为“第七艺术”的电影与其他媒介之间的界域边界，如列夫·马诺维奇的《新媒介语言》等。

无论是电影本体解体带来的美学重构，还是电影界域消解伴随的媒介融合，都面临着一个疑惑：数字技术影响下的“后电影”是否还是电影？换言之就是今日人们常常提及的“电影之死”的命题。除数字技术外，面对影像形态的流变及更迭，伴随而来的通信技术、人工智能技术的更迭，以及媒介生态和受众审美等一系列变化，都在不同程度上影响着“影像”的发展：CGI（Computer-generated imagery，电脑生成动画）技术让超越现实物质世界的虚拟影像难辨真伪；“互动”体验正让游戏与电影相互渗透；5G与物联网技术让媒介终端无处不在；“短视频”的出现改变了观众的审美体验……经典本体理论被一次次冲击逐渐瓦解，影像与其他媒介的边界也愈加模糊。

正如安德烈·戈德罗和菲利普·马里昂所说，影像自问世到今天，被宣布“死亡”至少有过八次，如今只是其中之一，但影像从未真正消失，它都为适应新的媒体技术不断做出了调整。站在如今的历史节点，当经典本体理论不再适用，界域范畴不再清晰，多种影像形态共融发展下的新本体的厘定也将确保影像能够作为独立艺术继续存在。

后　记

在20世纪初“审美心理距离”被提出之时，尚未踏入艺术大门的电影刚刚诞生。百余年之后，随着电影的发展与受其影响产生的电视的出现，人类也经口传时代、文字时代、图片时代进入如今的影像化时代。百余年间，电影影像历经数次流变，经动态化、有声化、彩色化、宽幕化、立体化发展成为如今的“第七艺术”，产生出不计其数的影像艺术作品，形成了一套系统的综合视听元素的艺术体系与美学范式，也凝聚成一部横跨三个世纪的影像发展史。

本书以“审美心理距离”作为参考标准，对影像形态流变的历史进行文献梳理，在此基础上提出了影像形态与“审美心理距离”的相关性判断，并以互联网数据采样分析的方式再次证明了这一结论。在结合历史维度的文献分析与数据维度的量化处理的基础上，提出包括流变过程、流变动力与流变趋势在内的影像形态流变规律。

当作为“所有补救性媒介的补救媒介”的互联网已经普及，媒介开始融合发展之时，不同影像媒介之间的差别也开始消弭。与此同时，一种集合了所有技术创新、被称作“终极显示”的影像形态出现在了大众视野中，即虚拟现实。笔者立足当下影像形态创新与影像形态的发展方向，从影像形态流变规律对VR影像的未来指明了发展方向与实现路径。

2G网络的出现曾用文字串联世界，3G时代则用图片沟通你我，4G时代再次以影像将虚拟世界“动”了起来。如今，随着5G时代的到来，一场新的技术革命即将展开。未来，更清晰的影像将更快速地传入每个人的观看终端，人工智能影像、VR影像也有望“梦想照进现实”，影像媒介将作为万物互联的必备手段，影像生产也将成为人与人沟通的基本语言。身处这样一个时代，对于影像形态的研究，其意义已不再局限于影像本身，而是将辐射社会生产的各个方面。因此，本书当谨作为笔者的学术研究的方向与起点一直持续下去。

同时，本书在撰写过程中也存在几点未尽之事宜：

首先，本书在影像形态流变的规律中采用了定性分析与定量研究相结合的方式。纵然互联网技术下的大数据采样对于艺术规律的提炼分析功不可没，但作为参照标准的“审美心理距离”仅分为“适距”与“非适距”两大类确也相对粗糙，以影像作品好评度作为量化处理影像形态与“审美心理距离”的相关性仍似隔薄雾。因此，笔者拟在后续的研究中加入脑科学等技术的相关可视化实证，将“审美心理距离”的“尺度”精细化、直观化，对影像形态的流变规律进一步完善与细化。

其次，由于现阶段作品材料的缺失，本书对于VR影像仅限于影像形态流变规律之下的宏观探析。在明晰发展路径的同时，随着VR技术的日趋完善、VR影像作品材料的持续更迭，关于VR影像技术的标准与VR影像的艺术语法体系也应成为学界、业界共同研究的重要议题。

通过影像形态流变的研究，以史为鉴，提炼总结，而观今，既是对布洛所言之“审美心理距离”的经典理论内涵的应验与修正，也是对于当下它的应用外延的再次延伸和拓展，亦引发笔者的再次思考。

一、VR影像的真实边界

我们生活的现实世界就是真实的吗？各类科学观测解释了现实背面的

真实，而大众往往基于自身的现实经验判断，其结果并不可信。通常，我们将生活中的现实等同为真实，但实际却无法确定其正确存在的必然性。脑科学系统已经证实，我们脑中有许多不同的感受系统相互作用，我们的思维获取这些信息并整理成事件，并将其认为是“客观现实”。感知信息通道可将信息从我们的意识水平之下传送到我们脑中，其实际所感知的信息比我们能够意识到的要多很多，从而由不同的感官系统构成了生理感知之后的“感受现实”。因此所谓真正意义上的“客观现实”实际生活中并不绝对存在，任何形式的生理感知都已经发生了变化，人们认定的“客观现实”其实不过是“感受现实”而已。

具体到影像而言，影像中的真实实则为艺术真实，是基于艺术家真切的人生感受，通过艺术创造，以虚幻的形式揭示出来的实际生活的本质与真谛。而影像中的现实更像是影像创造提供的未经筛选的素材来源，亦属于“感受现实”。因而，影像真实是比影像现实更集中、更典型、更强烈、更鲜明的提炼。因此，无论是虚构故事的剧情片抑或是偏重纪实的纪录片，虽为艺术虚构，其凝练出的本质规律性却是比已是经过生理感知变为“感受现实”的影像现实更为真实的存在。从这个意义上来说，影像技术越来越具备真实感的流变方向确实能够让影像更好地展现真实，作为“终极显示”的VR影像也将如字面所呈现的那样，让人们通过沉浸性、互动性与超现实性的影响感受，呈现一个比“客观现实”更加接近真实的“虚拟现实”。

二、艺术与科学的再次重逢

在前文的总结中，得出影像形态的流变中，技术是作为第一性的基础动力始终存在的，艺术是作为第二性的完成动力周期性存在的。具体的影像审美过程中的审美距离也正是在技术“引力”与艺术“斥力”的共同作用下产生的，技术过强“引力”过大则沦为“距离过近”的生理刺激，艺术过剩“斥力”过大则因“距离过远”而易具有空洞虚无之感。

影像范畴中技术与艺术的关系，其实代表的是更广义应用范畴的科学与艺术两个学科之缘，两者在各自不同的领域共同影响着人类社会的发展。早在19世纪时，法国文学艺术家福楼拜就曾对科学和艺术的发展做出预言：“艺术愈来愈科学化，而科学愈来愈艺术化；两者在山麓分手，有朝一日将在山顶重逢。”①

然则与前文讨论相仿，科技是作为第一性而存在的，艺术则是第二性的。科学技术是社会先进生产力的重要标志，而艺术作用则常被忽视，被认为是非必需品。艺术是一种情感表达，而科技是方便表达的工具；艺术改造精神世界，科技改造客观世界。随着科学技术的发展，艺术的表现形式与存在方式也在改变，两者注定是在前进的道路上“相互扶持”而存在的，重大科学革命也通常与重大的艺术活动有着紧密联系。

文艺复兴时期，科学革命像宗教改革一样，可被看作也应该被看作文艺复兴的结果。文艺复兴不仅仅是一场关于艺术的运动，也是一场社会性的运动，这场源于意大利并蔓延至整个欧洲的运动在哲学、诗歌、文学、建筑、自然科学甚至经济领域都全面开花，是世界性的、泛科学的。作为文艺复兴三杰之一的达·芬奇不仅是传世的艺术家，也是一位杰出的科学家，他绘制了西方文明世界中的第一款人性机器人，以及点燃现代机动车发明灵感之火的“达·芬奇机械车”。也正是在文艺复兴之后，西方文明中产生了专业学科的划分，所以无论是新的科学技术引发新的艺术思考，还是艺术精神的解放对科学的启发，都是在相互作用下推动未来文明的进步。

此后，无论是现代艺术与后现代艺术对于机械动力装置和声光电磁的需求，还是工业化背景下当代艺术的发展对于电子科技的依赖，新的科技、

① 张歌东．数字时代的电影艺术［M］．北京：中国广播电视出版社，2003.

新的语言与新的艺术形式让艺术与科技更加密不可分。

爱因斯坦曾说："直觉是神圣的礼物，而理性是它忠实的仆人，我们创造了一个忠实仆人的社会却忘记了那份神圣的礼物。"其表达的思想便是我们依靠直觉发展了科技，却因其强大而忘记了直觉本身，科技与艺术本就无法独立存在，而两者之间的关系，以及这种关系在未来的变化，也就是未来文明如何发展的答案。

三、"审美心理距离"理论的延伸与拓展

《影像形态流变论》一书，以审美心理学中的"审美心理距离"作为主要理论，运用于百余年前布洛不曾提及的影像艺术媒介，既是对"审美心理距离"这一经典理论拼图的补全——以"审美心理距离"作为参照标准对影像形态的流变进行规律性的总结，也是对"审美心理距离"理论的再一次激活和延伸。同时，影像艺术应用中修正提出的"绝对距离"、"极限距离"及首次提出的"区间"、"相对距离"学术概念对于其他艺术媒介也存在一定的理论意义，对于指导当下艺术与生产中"度"的把握也具有较大的指导意义。这些都是本书的创新之处。

从这个意义上来说，《影像形态流变论》的研究，其价值不仅局限于影像媒介，还可以适用于更加广阔的艺术世界之中。利用时代的科技属性，以大数据思维重新诠释"审美心理距离"，用理性的思维用于多种艺术门类的归纳、总结，研究和指导创作与创新。本次研究是初窥门径，前方才是广阔的未来——随着脑科学技术的可视化程度及人工智能算法的进一步发展，作为经典理论的"审美心理距离"必将会散发新的魅力，在理论进一步科学化的发展过程中，更好地判断和指导艺术审美活动，形成新的理论价值。这也是本书对"审美心理距离"理论给予的当代延伸与拓展。

参考文献

[1] 中国电影科学技术研究所高新技术研究部.全球电影行业技术发展报告[J].现代电影技术，2018(10)：4-13.

[2] 赵正阳.电影“学科”学论纲[J].电影新作，2016(4)：21-28.

[3] 华锡梅，马守清，李念芦，等.中国电影技术百年纪事[J].影视技术，2005(12)：34-61.

[4] 陈旭光.“受众为王”时代的电影新变观察[J].当代电影，2015(12)：4-11.

[5] 孟建.中国电影文化发展的战略性思考[J].南方文坛，2001(2)：25-27.

[6] 尹鸿，梁君健.新主流电影论：主流价值与主流市场的合流[J].现代传播(中国传媒大学学报)，2018，40(7)：82-87.

[7] 贾磊磊.中国电影表述的文化价值观[J].艺术评论，2012(10)：6-10.

[8] 马尔罗.电影心理学概说[J].邵牧君，译.世界电影，1988(2)：227-240.

[9] KIENING H. 4K+系统：电影影像形成过程的理论基础(上)[J].孙延禄，译.现代电影技术，2009(6)：15-21.

[10] KIENING H. 4K+系统：电影影像形成过程的理论基础(下)[J].

孙延禄，译.现代电影技术，2009(7)：31-34.

[11] 贾云鹏，周峻.作为技术史的艺术史：从《阿凡达》看电影技术的变革[J].北京电影学院学报，2010(3)：21-28.

[12] 张宁."忠实"还是"悦目"？——色彩科学和色彩管理[J].数码影像时代，2018(11)：100-107.

[13] 王迁."电影作品"的重新定义及其著作权归属与行使规则的完善[J].法学，2008(4)：83-92.

[14] 卢海君."电影作品"定义之反思与重构[J].知识产权，2011(6)：18-25.

[15] 朱腾.电影语言符号的语义内涵及符号本质：兼论电影语言与自然语言之异同[J].视听，2020(7)：8-10.

[16] 郑宜庸.科技和艺术：谁决定电影？[J].福建艺术，1999(1)：20-23.

[17] 王忆霏.电影声音技术的3D革命：Dolby Atmos解析[J].现代电视技术，2013(9)：88-92.

[18] 曾志刚，罗梦舟，高盟.电影新技术的应用及发展趋势[J].北京电影学院学报，2019(12)：93-102.

[19] 翁山宝，张晓翔.电影与高清晰度[J].现代电视技术，2008(1)：100-102.

[20] 里晓行.杜比全景声对立体环绕声的技术革新[J].科技传播，2017，9(6)：57-58.

[21] 蔡郁婉.技术革新与电影未来[J].艺术评论，2019(12)：44.

[22] 金晟.浅析高帧速电影的发展与困境：从《霍比特人》到《比利·林恩的中场战事》[J].当代电影，2018(3)：141-144.

[23] 宋宇莹.数字球幕科普电影的镜头语言与叙事策略分析[J].科普研究，2019，14(6)：91-96，116.

[24] 王冰冰.新技术革命时代的电影“危机”：从《双子杀手》谈起[J].艺术评论，2019(12)：56-57.

[25] 庄元.余音绕梁如闻天籁：3D环绕声技术发展述评[J].演艺科技，2015(3)：14-20.

[26] 杨尚鸿.3D电影：技术与艺术的悖论[J].当代电影，2013(10)：169-172.

[27] 苏月奂.3D电影国外研究综述[J].四川戏剧，2019(2)：154-159.

[28] 李相. 3D电影美学初探[J].当代电影，2009(12)：19-25.

[29] 曹建华.论3D电影技术的机遇与未来[J].中国战略新兴产业，2018(44)：24.

[30] 张美玉.技术、艺术同纬：3D电影的进化之路——莱文森媒介演进视角[J].东南传播，2018(9)：67-68.

[31] 李铭.立体电影发展简史（一）[J].现代电影技术，2014(7)：47-59.

[32] 李铭.立体电影发展简史（二）[J].现代电影技术，2014(8)：52-56.

[33] 李铭.立体电影发展简史（三）[J].现代电影技术，2014(9)：47-58，46.

[34] 李铭.立体电影发展简史（四）[J].现代电影技术，2014(11)：48-55.

[35] 李铭.立体电影发展简史（五）[J].现代电影技术，2014(12)：47-54.

[36] 车琳.从走出屏幕到进入电影：3D电影技术的历史与现状[J].当代电影，2019(1)：84-91.

[37] 朱梁.高清数字立体摄像技术在电影《深渊幽灵》中的创新应用

[J].影视技术，2003(7)：22-24.

[38] 赵沁平.虚拟现实综述[J].中国科学（F辑：信息科学），2009，39(1)：2-46.

[39] 姚国强，侯明.从“电影”到“虚影”：论虚拟现实导引的声画艺术变革[J].现代传播（中国传媒大学学报），2018，40(12)：82-88.

[40] 叶山岭.3D电影的技术进化论分析[J].北京电影学院学报，2010(6)：46-50.

[41] 仲梓源，梁明.数字影像时代VR技术对电影的改变[J].现代电影技术，2016(11)：23-28，7.

[42] 杨慧，雷建军.作为媒介的VR研究综述[J].新闻大学，2017(6)：27-35，151.

[43] 杨宇菲，雷建军.在场与不在场的转换：围绕当地人对二维影像和VR影像观看体验的个案研究[J].北京电影学院学报，2019(8)：4-13.

[44] 黄石.传统电影语言在VR电影中的新运用[J].当代电影，2019(10)：136-140.

[45] 刘帆.VR不是电影艺术的未来[J].文艺研究，2018(9)：91-98.

[46] 黄天乐.空间·身体·边界：VR电影之重构与维新[J].当代电影，2019(10)：127-131.

[47] 王源，李芊芊.智能传播时代沉浸式媒介的审美体验转向[J].中国电视，2020(1)：67-71.

[48] 黄维鹏，王亚静.VR电影与传统电影之间的差异性探析与思考[J].科技传播，2019，11(22)：109-110.

[49] 李金辉.隐蔽在现实中的虚拟：虚拟现实VR视觉影像创作谈[J].北京电影学院学报，2016(3)：22-27.

[50] 丁艳华."幻境"之行：浅论虚拟影像对受众审美心理的影响[J].中国电视，2019(12)：60-63.

[51] 王楠."吸引力"的回归：VR电影叙事驱动[J].当代电影，2019(10)：132-136.

[52] 史哲宇，王廷轩.论VR技术影视化之路[J].中国传媒科技，2018(2)：115-116.

[53] 周青，陈淑姣，马驰.梦境与现实的交织：VR电影奇观性与纪实性探析[J].视听，2018(9)：55-56.

[54] 王旖旎，莫梅锋.论增强现实广告技术的创新扩散[J].现代广告，2012(7)：6.

[55] 刘宝林.宽银幕电影画框浅析[J].东南传播，2007(4)：89-90.

[56] 林少雄.从电影的发明看其艺术与产业属性：以卢米埃尔兄弟和爱迪生为例[J].艺术百家，2010，26(5)：61-65.

[57] 封敏.电影的原理与发明[J].电影评介，1989(3)：36.

[58] 黎萌.电影感知的心理机制[J].电影艺术，2006(5)：91-96.

[59] 黄志忠.35mm电影标准的起源及其沿革[J].感光材料，1997(4)：46-50.

[60] 胡良鸿.论我国电影发展与舞台艺术的关系[J].电影评介，2007(3)：12-13.

[61] 林清华.1931—1935：有声电影与新视听叙事的开启[J].文艺研究，2018(11)：110-117.

[62] 陈军，韩天枢.变形镜头在数字电影摄影中的应用研究[J].现代电影技术，2018(12)：22-26.

[63] 齐虹，邵丹，罗盘.变形宽银幕镜头的在创作中的运用[J].北京电影学院学报，2016(5)：146-153.

[64] 吴世波.色光加色法、减色法原理的记忆[J].影视技术，2002

（9）：43-44.

［65］曾广昌.彩色电影的发明和中国早期彩色片的摄制情况［J］.影视技术，1995（6）：19-20.

［66］文洪.从无声电影到有声电影的转型：评卓别林早期有声片中的声音［J］.福州大学学报（哲学社会科学版），2008（5）：90-92.

［67］黄匡宇.电影的发明与默片语言形成［J］.开放时代，2000（8）：69-72.

［68］熊文醉雄.电影视觉空间美学形态的演进［J］.武汉理工大学学报（社会科学版），2011，24（5）：712-717.

［69］王瀛.还原默片本来面目：上［J］.现代电影技术，2011（4）：44-49，54.

［70］王瀛.还原默片本来面目：下［J］.现代电影技术，2011（5）：51-58.

［71］刘俊燕.浅谈不同时代的电影载体［J］.现代电影技术，2015（4）：46-50.

［72］王春林.黑白电影比彩色更有味［J］.博览群书，2012（8）：71-73.

［73］魏子凌.回顾经典：从《公民凯恩》解析电影的声音设计艺术［J］.艺术评鉴，2019（5）：154-156.

［74］一言.《红色沙漠》：电影史第一部真正意义上的彩色片［J］.电影文学，2004（7）：59-60.

［75］王苦舟.媒介变迁与艺术困境：从无声电影到有声电影［J］.新闻世界，2009（4）：101-103.

［76］广晖.美术色彩元素在电影画面中的视觉传达效果研究［J］.电影评介，2015（24）：107-109.

［77］吕健.电影艺术的“缪斯”：巨匠大卫·格里菲斯的电影生涯

[J].名作欣赏，2017(33)：164-167.

[78] 韩斌.电影音乐白皮书从默片到早期有声片的配乐[J].音乐爱好者，2004(2)：24-26.

[79] 蔡海波.多画幅比例电影的审美价值探析[J].声屏世界，2019(1)：44-45.

[80] 苏兆瑞.电影由打赌引出的大发明[J].发明与革新，2001(12)：31.

[81] 卓别林.反“对白片”宣言[J].张仪姝，译.北京电影学院学报，2017(5)：72-73.

[82] 王岳川.当代美学核心：艺术本体论[J].文学评论，1989(5)：108-116.

[83] 杨陶玉.媒介进化论：从保罗·莱文森说起[J].东南传播，2009(3)：28-29.

[84] 徐利德.保罗·莱文森媒介进化理论的思想逻辑[J].青年记者，2017(21)：27-28.

[85] 戴元光，夏寅.莱文森对麦克卢汉媒介思想的继承与修正：兼论媒介进化论及理论来源[J].国际新闻界，2010(4)：6-12.

[86] 胡翌霖.技术的“自然选择”：莱文森媒介进化论批评[J].国际新闻界，2013，35(2)：77-84.

[87] 唐悦.对现代主义音乐的思考[J].辽宁教育行政学院学报，2009，26(4)：83-85.

[88] 张振元.反“心理距离”说[J].黄河水利职业技术学院学报，1995(3)：42-44.

[89] 张冰.分析美学视野中的心理距离说：对一段美学公案的检讨[J].西北大学学报（哲学社会科学版），2008(2)：51-54.

[90] 唐小林.布洛说反了：论审美距离的符号学原理[J].中国人民大

学学报，2015，29（1）：10-18.

［91］平心.从心理距离说到舞蹈心理学［J］.北京舞蹈学院学报，2004（1）：26-35.

［92］魏砚雨.从再现的审美心理距离看绘画与摄影的关系［J］.文教资料，2009（8）：76-78.

［93］周文彬.里普斯审美移情说述论［J］.中州学刊，1992（5）：102-105.

［94］陈文钢.论“审美疲劳”［J］.湖北民族学院学报（哲学社会科学版），2005（5）：32-36.

［95］郭言喆.论布洛的“心理距离说”［J］.文教资料，2019（2）：97-99.

［96］李维.论高帧率电影前景［J］.现代电影技术，2013（6）：46-48.

［97］梁颐.论莱文森媒介进化论的跨学科理论来源［J］.新闻世界，2014（4）：269-270.

［98］李京燕.论影像技术革新如何影响受众的视听体验［J］.西北美术，2019（2）：133-135.

［99］董佳星.柏拉图《大希庇阿斯篇》中的美学思想［J］.文学教育（下），2018（10）：40-41.

［100］刘强，郑成芬，范文博.浅析抽象雕塑在空间中的审美距离［J］.视听，2014（7）：183-184.

［101］阎立峰.斯坦尼斯拉夫斯基、布莱希特和阿尔托戏剧距离观之比较［J］.外国文学评论，2002（2）：67-73.

［102］王子科，曹懿.“距离”说的美学分类［J］.全国商情（理论研究），2013（8）：93-94.

［103］王锦丽.“陌生化”与狄金森诗歌审美距离创造［J］.学习与探索，2017（10）：170-174.

［104］许南明，富澜，崔君衍.电影艺术词典［M］.修订版.北京：中国电影出版社，2005.

［105］欧阳宏生.中国电影批评史［M］.北京：北京大学出版社，2010.

［106］李道新.中国电影文化史：1905—2004［M］.北京：北京大学出版社，2005.

［107］刘宏球.电影学［M］.杭州：浙江大学出版社，2006.

［108］王志敏.电影语言学［M］.北京：北京大学出版社，2007.

［109］汝信.社会科学新辞典［M］.重庆：重庆出版社，1988.

［110］王岳川.艺术本体论［M］.上海：上海三联书店，1994.

［111］郭庆光.传播学教程［M］.2版.北京：中国人民大学出版社，2011.

［112］郝一匡，等.好莱坞大师谈艺录［M］.北京：中国电影出版社，1998.

［113］屠明非.电影技术艺术互动史：影像真实感探索历程［M］.北京：中国电影出版社，2009.

［114］陈军，常乐.电影技术的历史与理论［M］.北京：世界图书出版公司北京公司，2014.

［115］刘书亮，张昱.电影艺术与技术［M］.北京：北京广播学院出版社，2000.

［116］王令中.视觉艺术心理：美术形式的视觉效应与心理分析［M］.北京：人民美术出版社，2005.

［117］吕云，王海泉，孙伟.虚拟现实：理论、技术、开发与应用［M］.北京：清华大学出版社，2019.

［118］杨栗洋，陈建英，曾华林.VR战略：从虚拟到现实的商业革命［M］.北京：中国铁道出版社，2017.

［119］刘丹.VR简史：一本书读懂虚拟现实［M］.北京：人民邮电出

版社，2016.
［120］吴小明，柏蓉.VR时代：虚拟现实引爆产业未来［M］.北京：机械工业出版社，2016.
［121］胡卫夕，胡腾飞.VR革命：虚拟现实将如何改变我们的生活［M］.北京：机械工业出版社，2016.
［122］张歌东.数字时代的电影艺术［M］.北京：中国广播电视出版社，2003.
［123］萨杜尔.世界电影史［M］.徐昭，胡承伟，译.北京：中国电影出版社，1982.
［124］汤普森，波德维尔.世界电影史［M］.陈旭光，何一薇，译.北京：北京大学出版社，2004.
［125］艾伦，戈梅里.电影史：理论与实践［M］.李迅，译.插图修订版.北京：世界图书出版公司，2009.
［126］巴森.纪录与真实：世界非剧情片批评史［M］.王亚维，译.台北：远流出版事业股份有限公司，1996.
［127］爱因汉姆.电影作为艺术［M］.邵牧君，译.北京：中国电影出版社，2003.
［128］麦特白.好莱坞电影：1891年以来的美国电影工业发展史［M］.吴菁，何建平，刘辉，译.北京：华夏出版社，2005.
［129］贾内梯.认识电影［M］.焦雄屏，译.北京：北京联合出版公司，2017.
［130］哈佩.电影技术基础［M］.夏剑秋，林作坚，谢荷蓉，译.赵超群，校.北京：中国电影出版社，1980.
［131］戈尔陀夫斯基.电影技术导论［M］.马萨，译.北京：中国电影出版社，1959.
［132］罗杰斯.创新的扩散［M］.辛欣，译.北京：中央编译出版社，2002.

[133] 莱文森.人类历史回放：媒介进化论 [M].邬建中，译.重庆：西南师范大学出版社，2017.
[134] 莱文森.新新媒介 [M].何道宽，译.上海：复旦大学出版社，2014.
[135] 麦克卢汉.理解媒介：论人的延伸 [M].何道宽，译. 增订评注本.南京：译林出版社，2011.
[136] 莱文森.数字麦克卢汉：信息化新纪元指南 [M].何道宽，译.北京：社会科学文献出版社，2001.
[137] 莱文森.手机：挡不住的呼唤 [M].何道宽，译.北京：中国人民大学出版社，2004.
[138] 莱文森.莱文森精粹 [M].何道宽，译.北京：中国人民大学出版社，2007.
[139] 阿恩海姆.艺术与视知觉 [M].滕守尧，译.成都：四川人民出版社，2019.
[140] 柏拉图.理想国 [M].郭斌和，张竹明，译.北京：商务印书馆，1986.
[141] 舍恩伯格，库克耶.大数据时代 [M].周涛，译.杭州：浙江人民出版社，2012.
[142] 凯利.失控：全人类的最终命运和结局 [M].东西文库，译.北京：新星出版社，2012.
[143] 凯利.科技想要什么 [M].熊祥，译.北京：中信出版社，2011.
[144] 凯利.必然 [M].周峰，董理，金阳，译.2版.北京：电子工业出版社，2016.
[145] 恩格斯.自然辩证法 [M].中共中央马克思恩格斯列宁斯大林著作编译局，编译.北京：人民出版社，1971.
[146] 詹明信.晚期资本主义的文化逻辑 [M].张旭东，编.陈清侨，

等译.北京：生活·读书·新知三联书店，1997.

[147] BULLOUGH E. “Psychical distance” as a factor in art and an aesthetic principle [J] . The British psychological society，1912 (5)：87-117.

[148] WILCOX L M，ALLISON R S，HELLIKER J，et al.Evidence that viewers prefer higher frame-rate film [J] . ACM transactions on applied perception，2015 (4)：1-15.

[149] CHAKRAVORTY P. What is a signal? [J] . IEEE signal processing magazine，2018，35 (5)：175-178.

[150] BARR C. Cinema scope：before and after [J] . Film quarterly，1963 (4)：84-95.

[151] OLSON I R，MARSHUETZ C. Facial attractiveness is appraised in a glance [J] . Emotion，2005 (5)：144-146.

[152] MILGRAM S. The image-freezing machine [J] . Society，1976，14 (1)：7-12.

[153] SHAW J，WEIBEL P. Future cinema：the cinematic imaginary after film [M] . Cambridge：The MIT Press，2003.

[154] STEFFE J. Rheological methods in food process engineering [M] . Michigan：Michigan State University，1996.

[155] SHKLOVSKY V. Theory of prose [M] . McLean：Dalkey Archive Press，1990.

[156] HEIM M. The metaphysics of virtual reality [M] . Oxford：Oxford University Press，1994.

[157] MPAA. 2018 Theme Report [R] . California：MPAA，2018.

[158] MPAA. 2017 Theme Report [R] . California：MPAA，2017.

[159] MPAA. 2016 Theme Report [R] . California：MPAA，2016.

[160] MPAA. 2015 Theme Report [R] . California：MPAA，2015.

[161] MPAA. 2014 Theme Report [R] . California：MPAA，2014.

[162] MPAA. 2013 Theme Report [R] . California：MPAA，2013.

[163] MPAA. 2012 Theme Report [R] . California：MPAA，2012.

[164] MPAA. 2011 Theme Report [R] . California：MPAA，2011.

[165] MPAA. 2010 Theme Report [R] . California：MPAA，2010.

附录：IMDb影片类型及好评率数据采样

年份	好评率	无声片率	有声片率	无声片好评率	有声片好评率	黑白片率	彩色片率	黑白片好评率	彩色片好评率	窄幕片率	宽幕片率	窄幕片好评率	宽幕片好评率	立体片率	年影片数（部）
1895		100.00%	0.00%			100.00%	3.77%			100.00%	0.00%				53
1896		100.00%	0.00%			100.00%	0.17%			100.00%	0.00%				576
1897		100.00%	0.00%			100.00%	0.12%			100.00%	0.00%				817
1898		100.00%	0.00%			100.00%	0.00%			100.00%	0.00%				1170
1899		100.00%	0.00%			100.00%	0.00%			100.00%	0.00%				1170
1900		100.00%	0.00%			100.00%	0.16%			100.00%	0.00%				1265
1901		100.00%	0.00%			100.00%	0.07%			100.00%	0.00%				1337
1902		100.00%	0.00%			100.00%	0.25%			100.00%	0.00%				1178
1903		100.00%	0.00%			100.00%	0.06%			100.00%	0.00%				1653
1904		100.00%	0.00%			100.00%	0.00%			100.00%	0.00%				995
1905		100.00%	0.00%			100.00%	0.11%			100.00%	0.00%				927
1906		100.00%	0.00%			100.00%	0.21%			100.00%	0.00%				939
1907		100.00%	0.00%			100.00%	0.00%			100.00%	0.00%				788
1908		100.00%	0.00%			100.00%	0.21%			100.00%	0.00%				973
1909		100.00%	0.00%			100.00%	4.59%			100.00%	0.00%				1155
1910		100.00%	0.00%			100.00%	6.22%			100.00%	0.00%				1319
1911		100.00%	0.00%			94.93%	5.79%			100.00%	0.00%				1675
1912		100.00%	0.00%			96.56%	3.21%			100.00%	0.00%				1310
1913		100.00%	0.00%			96.56%	3.13%			100.00%	0.00%				1659

续表

年份	好评率	无声片率	有声片率	无声片好评率	有声片好评率	黑白片率	彩色片率	黑白片好评率	彩色片好评率	窄幕片率	宽幕片率	窄幕片好评率	宽幕片好评率	立体片率	年影片数（部）
1914		100.00%	0.00%			99.33%	0.92%			100.00%	0.00%				1635
1915		100.00%	0.00%			98.14%	1.72%			100.00%	0.00%				2148
1916		100.00%	0.00%			97.99%	2.17%			100.00%	0.00%				2583
1917		100.00%	0.00%			98.11%	1.75%			100.00%	0.00%				2746
1918		100.00%	0.00%			99.03%	0.82%			100.00%	0.00%				2795
1919		100.00%	0.00%			98.95%	1.12%			100.00%	0.00%				2773
1920	16.67%	100.00%	0.00%	16.67%		99.33%	0.61%	16.67%		100.00%	0.00%				2971
1921	26.09%	100.00%	0.00%	26.09%		98.60%	1.64%	26.09%		100.00%	0.00%				2922
1922	22.73%	100.00%	0.00%	22.73%		99.02%	1.02%	23.81%		100.00%	0.00%				2444
1923	37.14%	99.95%	0.05%	37.14%		99.42%	1.06%	38.24%		100.00%	0.00%				2076
1924	43.40%	99.86%	0.14%	42.31%		99.67%	0.85%	43.40%		100.00%	0.00%				2130
1925	40.85%	99.44%	0.56%	40.85%		99.70%	0.99%	40.85%		100.00%	0.00%				2326
1926	33.77%	98.92%	1.08%	33.77%		99.63%	1.30%	32.00%		100.00%	0.00%				2148
1927	39.24%	98.78%	1.22%	40.26%		99.56%	1.13%	39.74%		100.00%	0.00%				2295
1928	40.00%	94.20%	5.80%	45.45%		99.38%	0.97%	40.45%		100.00%	0.00%				2264
1929	22.37%	76.77%	23.23%	36.11%	12.73%	99.14%	1.72%	22.97%		100.00%	0.00%				2094
1930	16.57%	52.44%	47.56%	55.00%	13.75%	94.83%	2.54%	16.57%		100.00%	0.00%				2010
1931	20.70%	36.43%	63.57%		20.09%	94.54%	0.71%	20.70%		100.00%	0.00%				2126
1932	20.25%	27.61%	72.39%		20.08%	95.10%	0.82%	20.33%		100.00%	0.00%				2185
1933	22.18%	22.52%	77.48%		20.00%	97.36%	0.38%	22.27%		100.00%	0.00%				2084
1934	20.36%	15.14%	84.86%		19.34%	95.74%	0.77%	20.36%		100.00%	0.00%				2065

续表

年份	好评率	无声片率	有声片率	无声片好评率	有声片好评率	黑白片率	彩色片率	黑白片好评率	彩色片好评率	窄幕片率	宽幕片率	窄幕片好评率	宽幕片好评率	立体片率	年影片数（部）
1935	17.01%	13.12%	86.88%		16.43%	95.80%	1.21%	17.13%		100.00%	0.00%				2144
1936	20.83%	10.65%	89.35%		21.13%	94.74%	1.49%	21.20%		100.00%	0.00%				2490
1937	23.36%	8.25%	91.75%		23.51%	93.89%	2.77%	23.15%		100.00%	0.00%				2488
1938	22.22%	8.31%	91.69%		22.18%	93.04%	3.39%	22.56%		100.00%	0.00%				2357
1939	25.17%	5.73%	94.27%		25.59%	93.59%	3.64%	23.71%		100.00%	0.00%				2169
1940	21.29%	5.61%	94.39%		21.43%	92.82%	3.07%	20.81%		100.00%	0.00%				2020
1941	24.76%	0.86%	99.14%		24.25%	90.60%	3.53%	24.83%		100.00%	0.00%				1840
1942	18.75%	0.56%	99.44%		18.81%	91.55%	4.06%	19.31%		100.00%	0.00%				1799
1943	23.76%	0.30%	99.70%		23.49%	90.54%	5.51%	24.80%		100.00%	0.00%				1671
1944	22.56%	0.34%	99.66%		22.56%	90.81%	4.94%	22.13%	26.47%	100.00%	0.00%				1437
1945	23.46%	0.90%	99.10%		23.55%	89.01%	5.87%	24.35%	22.58%	100.00%	0.00%				1465
1946	26.95%	0.71%	99.29%		26.88%	91.00%	6.57%	27.78%	25.00%	100.00%	0.00%				1644
1947	29.10%	0.15%	99.85%		28.81%	88.34%	7.15%	30.68%	15.79%	100.00%	0.00%				1818
1948	30.12%	0.14%	99.86%		29.97%	85.91%	7.38%	32.85%	18.03%	100.00%	0.00%				1937
1949	28.92%	0.07%	99.93%		28.83%	85.81%	7.46%	31.34%	17.86%	100.00%	0.00%				2065
1950	30.90%	0.26%	99.74%		30.59%	84.00%	8.13%	34.80%	15.28%	99.92%	0.08%				2263
1951	29.16%	0.19%	99.81%		29.20%	81.57%	10.47%	33.10%	17.07%	99.92%	0.08%				2236
1952	25.97%	0.30%	99.70%		25.93%	80.74%	11.50%	29.96%	17.36%	99.76%	0.24%				2435
1953	23.66%	0.23%	99.77%		23.75%	75.86%	16.13%	28.29%	16.99%	96.32%	3.68%	13.30%	3.23%		2535
1954	21.77%	0.06%	99.94%		21.15%	71.76%	19.91%	30.43%	13.37%	81.95%	18.05%	16.11%	13.55%		2546
1955	27.43%	0.30%	99.70%		27.53%	70.06%	21.64%	33.65%	21.26%	85.00%	15.00%	28.82%	20.57%		2699

续表

年份	好评率	无声片率	有声片率	无声片好评率	有声片好评率	黑白片率	彩色片率	黑白片好评率	彩色片好评率	窄幕片率	宽幕片率	窄幕片好评率	宽幕片好评率	立体片率	年影片数（部）
1956	28.68%	0.18%	99.82%		28.14%	67.02%	22.86%	36.87%	20.30%	65.88%	34.12%	33.33%	18.55%		2774
1957	28.28%	0.33%	99.67%		27.84%	67.35%	23.02%	29.70%	25.34%	54.77%	45.23%	37.21%	19.43%		3032
1958	29.83%	0.29%	99.71%		28.92%	66.63%	24.81%	31.08%	25.68%	46.88%	53.12%	24.55%	21.63%		3027
1959	30.09%	0.12%	99.88%		28.54%	64.97%	24.87%	31.32%	28.05%	43.68%	56.32%	32.38%	22.86%		3072
1960	36.83%	0.17%	99.83%		36.96%	64.62%	25.32%	43.54%	27.38%	44.16%	55.84%	44.44%	32.69%		3262
1961	31.80%	0.00%	100.00%		30.99%	61.87%	25.79%	40.94%	18.42%	41.11%	58.89%	27.14%	23.70%		3362
1962	34.23%	0.06%	99.94%		33.96%	64.51%	26.11%	43.12%	20.57%	40.96%	59.04%	41.94%	32.86%		3294
1963	37.05%	0.49%	99.51%		36.68%	61.21%	28.51%	43.73%	29.56%	39.69%	60.31%	44.44%	29.51%		3413
1964	35.54%	1.15%	98.85%		34.96%	59.39%	29.48%	44.37%	24.15%	34.55%	65.45%	44.59%	29.47%		3691
1965	34.00%	0.34%	99.66%		32.48%	58.05%	29.59%	46.06%	22.22%	32.72%	67.28%	42.65%	27.85%		3931
1966	32.88%	0.50%	99.50%		32.32%	53.92%	35.83%	53.30%	21.90%	27.11%	72.89%	47.54%	24.71%		3932
1967	30.40%	0.10%	99.90%		29.09%	45.27%	43.27%	51.95%	23.02%	25.86%	74.14%	29.03%	24.32%		4111
1968	27.61%	0.29%	99.71%		26.07%	36.21%	50.42%	48.55%	22.27%	26.98%	73.02%	34.85%	22.66%		4413
1969	27.03%	0.09%	99.91%		26.80%	35.82%	54.28%	51.75%	22.57%	24.28%	75.72%	31.63%	24.70%		4556
1970	24.69%	0.15%	99.85%		23.54%	24.78%	66.48%	51.81%	21.43%	23.94%	76.06%	40.91%	20.26%		4717
1971	28.01%	0.20%	99.80%		27.23%	21.87%	68.47%	53.75%	25.23%	25.27%	74.73%	30.25%	27.70%		4532
1972	25.55%	0.10%	99.90%		25.29%	18.74%	71.35%	44.44%	24.23%	24.52%	75.48%	34.94%	19.76%		4430
1973	24.93%	0.20%	99.80%		25.65%	14.58%	76.08%	61.70%	23.24%	23.51%	76.49%	31.34%	21.04%		4327
1974	28.11%	0.43%	99.57%		27.08%	12.21%	78.67%	54.39%	26.89%	21.47%	78.53%	43.94%	21.26%		4211
1975	24.15%	0.35%	99.65%		24.03%	11.73%	78.70%	51.61%	23.05%	25.22%	74.78%	30.00%	14.53%		4329
1976	25.72%	0.06%	99.94%		24.79%	9.67%	80.53%		25.55%	22.79%	77.21%	44.00%	18.75%		4269

续表

年份	好评率	无声片率	有声片率	无声片好评率	有声片好评率	黑白片率	彩色片率	黑白片好评率	彩色片好评率	窄幕片率	宽幕片率	窄幕片好评率	宽幕片好评率	立体片率	年影片数（部）
1977	27.59%	0.11%	99.89%		27.18%	8.60%	80.03%		26.79%	25.11%	74.89%	64.15%	17.81%		4162
1978	27.66%	0.12%	99.88%		27.25%	7.43%	80.39%		27.00%	22.94%	77.06%	66.67%	20.54%		4264
1979	28.11%	0.34%	99.66%		26.75%	6.81%	81.91%		27.38%	25.14%	74.86%	36.17%	21.45%		4506
1980	26.77%	0.36%	99.64%		25.64%	5.77%	81.83%		26.12%	26.75%	73.25%	41.18%	19.36%		4490
1981	31.85%	0.20%	99.80%		29.29%	5.50%	82.87%		30.91%	27.63%	72.37%	53.57%	24.86%		4378
1982	28.99%	0.13%	99.87%		27.20%	5.16%	83.33%		28.23%	26.31%	73.69%	40.38%	20.54%		4344
1983	30.50%	0.13%	99.87%		29.78%	5.11%	83.40%		30.12%	28.08%	71.92%	22.88%	30.00%		4499
1984	27.40%	0.40%	99.60%		24.47%	4.71%	81.92%		26.57%	28.89%	71.11%	50.00%	17.73%		4542
1985	26.16%	0.21%	99.79%		24.59%	4.86%	83.06%		25.68%	28.74%	71.26%	38.33%	17.63%		4652
1986	26.36%	0.14%	99.86%		22.97%	4.60%	84.72%		25.54%	28.41%	71.59%	43.33%	21.14%		4607
1987	24.29%	0.27%	99.73%		22.65%	4.10%	84.95%		24.07%	28.02%	71.98%	38.71%	20.85%		4658
1988	24.03%	0.06%	99.94%		20.17%	4.46%	85.88%		23.19%	25.24%	74.76%	45.45%	21.94%		4865
1989	23.70%	0.06%	99.94%		20.21%	4.98%	86.94%		22.41%	30.42%	69.58%	44.07%	18.98%		4817
1990	24.58%	0.20%	99.80%		20.92%	4.66%	84.56%		23.21%	33.92%	66.08%	53.62%	19.00%		5104
1991	23.56%	0.21%	99.79%		22.45%	4.97%	85.22%		23.45%	34.57%	65.43%	39.44%	20.05%		5028
1992	29.18%	0.14%	99.86%		26.84%	4.92%	85.03%		28.54%	29.61%	70.39%	45.00%	27.36%		5063
1993	26.88%	0.29%	99.71%		23.19%	5.02%	85.71%		26.87%	31.72%	68.28%	36.25%	24.01%		4904
1994	24.46%	0.13%	99.87%		23.35%	5.82%	87.69%		24.23%	28.04%	71.96%	30.65%	24.42%		5038
1995	24.18%	0.21%	99.79%		22.47%	6.52%	87.59%		23.48%	30.55%	69.45%	42.25%	25.42%		5365
1996	21.40%	0.21%	99.79%		20.24%	6.26%	87.14%		21.43%	28.71%	71.29%	16.25%	23.30%		5475
1997	23.76%	0.20%	99.80%		22.65%	5.92%	86.44%		23.78%	27.82%	72.18%	28.17%	23.45%		5827

续表

年份	好评率	无声片率	有声片率	无声片好评率	有声片好评率	黑白片率	彩色片率	黑白片好评率	彩色片好评率	窄幕片率	宽幕片率	窄幕片好评率	宽幕片好评率	立体片率	年影片数（部）
1998	24.11%	0.00%	100.00%		22.37%	6.48%	87.35%		23.62%	34.50%	65.50%	37.76%	23.51%		6252
1999	22.07%	0.06%	99.94%		21.49%	6.01%	87.00%		21.82%	29.78%	70.22%	23.47%	23.69%		6624
2000	24.34%	0.15%	99.85%		23.67%	6.07%	90.16%		23.93%	25.39%	74.61%	14.29%	26.34%		7134
2001	22.73%	0.14%	99.86%		21.54%	6.36%	90.81%		22.69%	31.25%	68.75%	33.33%	19.95%	0.00%	7882
2002	25.91%	0.13%	99.87%		25.26%	6.30%	91.65%		25.68%	28.82%	71.18%	33.33%	23.10%	0.00%	8459
2003	25.84%	0.13%	99.87%		24.28%	6.03%	93.96%		25.96%	33.55%	66.45%	45.56%	23.35%	0.44%	9236
2004	27.86%	0.08%	99.92%		27.48%	5.17%	96.28%		27.74%	29.06%	70.94%	50.00%	24.11%	0.41%	10567
2005	24.24%	0.10%	99.90%		24.46%	4.66%	96.36%		24.16%	27.88%	72.12%	39.19%	20.39%	1.18%	11538
2006	22.96%	0.10%	99.90%		23.41%	4.68%	96.50%		22.86%	23.74%	76.26%	57.58%	21.13%	1.35%	12331
2007	24.65%	0.12%	99.88%		26.08%	4.13%	96.14%		24.24%	19.77%	80.23%	44.44%	21.99%	0.99%	13363
2008	22.81%	0.03%	99.97%		23.81%	3.97%	95.90%		22.85%	18.78%	81.22%	33.33%	20.24%	1.26%	14688
2009	20.41%	0.14%	99.86%		20.64%	3.87%	96.46%		20.24%	12.52%	87.48%	40.48%	17.92%	3.23%	16955
2010	22.88%	0.18%	99.82%		24.01%	3.69%	95.75%		22.99%	8.27%	91.73%	40.91%	20.56%	5.15%	18327
2011	22.54%	0.06%	99.94%		23.33%	3.59%	96.09%		22.50%	12.78%	87.22%	33.33%	19.55%	8.70%	19916
2012	22.53%	0.18%	99.82%		22.70%	3.37%	96.30%		22.41%	4.46%	95.54%	57.14%	20.11%	8.26%	21256
2013	23.13%	0.07%	99.93%		24.28%	3.43%	96.25%		23.14%	3.64%	96.36%	37.50%	21.12%	8.21%	22235
2014	22.27%	0.07%	99.93%		22.73%	3.37%	95.61%		22.07%	3.22%	96.78%	32.00%	20.49%	6.80%	23452
2015	22.03%	0.16%	99.84%		24.16%	3.57%	94.75%		22.04%	2.70%	97.30%	31.82%	20.29%	5.52%	23731
2016	22.04%	0.15%	99.85%		25.73%	3.26%	94.51%		22.01%	3.02%	96.98%	46.88%	21.07%	6.97%	24778
2017	23.17%	0.11%	99.89%		25.76%	3.12%	95.48%		23.49%	3.03%	96.97%	29.03%	19.17%	5.86%	25364
2018	24.28%	0.04%	99.96%		27.49%	3.18%	95.28%		24.46%	2.98%	97.02%	18.75%	47.88%	5.54%	23916